IBMを世界的企業にしたワトソンJr.の言葉

A BUSINESS AND ITS BELIEFS

THE IDEAS THAT HELPED BUILD IBM

トーマス J. ワトソン, Jr
Thomas J. Watson, Jr

朝尾直太［訳］
Naota Asao

Eijipress Business Classics

英治出版

I B M

IBMを世界的企業にしたワトソンJr.の言葉

T. J. WATSON, Jr.

A Business and Its Beliefs

The Ideas That Helped Build IBM

by

Thomas J. Watson, Jr.

●未来の読者に向けて——復刊のごあいさつ

社会やビジネス環境は、めまぐるしく変化しています。その変化に少しでも適応しようと、膨大な数のビジネス書が生まれ、絶版になっていきます。しかし、絶版になって眠っている本の中には、時代がいかに変化しても、つねにかわらない重要な基本・理念をもった本が数多く存在しています。優れた知恵は、いつの時代にも私たちの足元を照らし、未来への道筋を示してくれます。

私ども英治出版は、絶版を出さない出版社になることを目指しています。読者は、その本が出版された時代だけでなく、現在にも、そして永遠につづいていく未来にも存在していると考えるからです。

〈英治出版 ビジネス・クラシック〉は、二一世紀を担うビジネスパーソンの方々に、必読の名著を復刊し、お届けします。

英治出版 原田英治

成功を収めようとするすべての組織には、
方針や活動の土台となる健全な信条がなくてはならない。

会社を倫理的で清廉に保つことは、経営トップの責任である。
決して成り行き任せにしてはいけない。

社員と顧客の関係、そのお互いの信頼、評判を大切にすること、顧客を〈つねに〉優先する思想。これらすべては、心底確信して実行に移したとき、会社の命運を大きく左右しうる。

復刊に寄せて　11

1　最高のものを、どうやって引き出すか？　19

誰が、社員の活力と才能を引き出したか？／なぜ、ＩＢＭは成功できたのか？／何が、急成長を支えたのか？

2　社員を、いかに成長させるか？　27

社員のクビを切らない／仕事をしやすい環境を用意する／社員のことを一番に考える／従業員の不平に耳を傾ける／従業員の処遇に格差をつけない／上司は部下を助ける／生え抜きを昇進させる／個人の領分を侵さない／野ガモを飼いならしてはいけない

3　最高のサービスと完璧な仕事とは？　47

顧客サービスに専心する／機械ではなくサービスを売る／楽観的に考える／士気を高揚させる／組織のバランスをとる／つねに優位性を競う

4　激しい変化に立ち向かうには？　63

未曾有の技術革新に、どう対処するか？／会社観と信条を植えつける／信条をいかに実践するか？／公正な処遇に配慮する／

「小さな会社にいる意識」を維持する／経営情報をきちんと伝える／革新的な社内コミュニケーションを築く／クビを覚悟で新しいことに取り組む

5 成長と変化から、何を学ぶか？ 85

教育と再訓練を重視する／経営の独善病を防ぐ／権限を委譲する／部門よりも会社全体を考える／あくまで信条を守る／変化と成長から学んだ五つの教訓

6 公共の利益を考える 103

企業の責任を考える／企業活動と市民の利益のバランスを考える／富める国と貧しい国のギャップを埋める／株主、従業員、国の利益を考える／信条を守って変化に適応する／システムの弊害を取り除く／公共のニーズに対して先見の明を持つ／権力を濫用しない／すべての人々が公平な分配にあずかれるようにする

7 新たな問題に、新たな方法で取り組む 123

ビジネスの優れた手法を活かす／最善の方法で問題を解決する／人の痛みを理解し、支援する／柔軟性、大胆さ、創造性を発揮する／社会変革の原動力になる

あとがき 137

著者について 140

（訳注は、［　］で示しています）

復刊に寄せて

本書（*A Business and Its Beliefs*）は一九六三年にマグロウヒル社から初めて出版され、たちまち当時の重要な経営書の一つになった。本書は初めて世に出た四〇年前と同じくらい今日でも通用する稀少な本の一つとされている。これはトーマス・ワトソン・ジュニアとその父に先見性があったということだけでなく、彼らが言葉にした考えや原則を、何年もあとになって他社や他のＣＥＯ（最高経営責任者）たちが採用することになったからである。マグロウヒル社がこの古典的なリーダーシップの書物を復刊することに決めたのはそのためである。

伝説的な創業者であるトーマス・ワトソンの息子であるワトソン・ジュニア氏は、この本を著したときＩＢＭの取締役会会長であると同時に、社長兼ＣＥＯを務めていた。

この重要な著作の前提は明瞭簡潔である。すべての大きな組織には、追い風のときも向かい風のときも導いてくれる原理・信条が必要である、そして会社の成功を決定づける最も重要な決定要素は、それらの基本原則的な信条を「忠実に固守すること」にかかっている、というものである。

IBMでは三つの核となる信条が会社の成功の基礎になったとワトソン氏は感じた。

（1）個人を尊重せよ
（2）世界中の会社のなかで、一番のサービスを提供せよ
（3）すべての仕事を最高のやり方で完了するという思想をもって遂行せよ

個人を尊重せよ

トーマス・ワトソン・ジュニアは個人を尊重することについて「私の父は筋金入りである」と述べた。父も息子も会社はその社員に対して特別な責任を負っていると考

えており、二人とも確実に従業員が尊厳を持って処遇されるようにすることに大半の時間を費やした。この信条はトーマス・ワトソン（父）自身の経験に発している。彼は仕事に就いて間もない頃にナショナル・キャッシュという会社を解雇された。しかしその後、三つの小さな会社の連合体であるコンピューティング・タビュレーティング・レコーディング社の経営者として招かれ、これが一〇年後にＩＢＭになった。

個人の尊重は、ＩＢＭにおいてさまざまな形で現れる。その一つである「オープンドア」ポリシーは他社よりはるかに進んでいた。トーマス・ワトソン・ジュニアは、「個々人にはそれぞれ問題や希望、能力、フラストレーション、目標があることを認識していた」。結果として、管理職たちは従業員たちとともに働き、営業訪問に同行し、訓練をする方法を知っていることを期待されていた。また、彼は「継続的な昇進の機会」があるべきで、主要な経営幹部のポストは内部昇進させるべきであると強く感じていた。

最後に、ワトソン・ジュニアはＩＢＭには一定の「野ガモ」が必要だと感じていた。この信念の起源をよりよく理解するには本書を読んでいただくとして、ここでは、彼は自己満足が会社の敵であることを知っており、会社に一定の「野ガモ」がいるように努力したと述べるにとどめておく。

世界中の会社のなかで、一番のサービスを提供せよ

初期のＩＢＭが出した「ＩＢＭはサービスです」という広告には、もう一つの主要な企業哲学が凝縮されているとワトソン・ジュニアは感じていた。ＩＢＭの創業者たちにとっては「世界中で一番のサービス」を提供するという意味であった。この高邁かつ重要な目標の起源は、トーマス・ワトソン（父）の職歴の初期にある。彼は一八歳のころ、片田舎でピアノやミシンを売っていた。農家はほとんどつねに十分な現金がなく、農機具や家畜と引き換えにワトソンの売る商品を手に入れた。この経験で彼は、商品を買う「お金」すらない顧客をどうすれば喜ばすことができるかを鋭く理解する力を身につけた。

ＩＢＭでは、最高の顧客サービスを提供することがＩＢＭの営業・サービス部隊の

責任であったが、同時に「よいサービスには…（中略）…会社のすべての部門の支援が欠かせない」とされた。トーマス・ワトソン・ジュニアは「サービスに対する評判は会社の基本財産である」と断言した。また、IBMにおいてついにサービスは「反射」になったとも述べた。

すべての仕事を最高のやり方で完了するという思想をもって遂行せよ

「IBMはどんな仕事であれ、最高の成果を社員に期待し、求める」とトーマス・ワトソン・ジュニアは宣言した。このような宣言の下で仕事をするのは決してやさしいものではないが、完璧を目指すことが組織に道を誤らせないのだと付け加えた。会社というものは不可能に見える目標を与える義務があるとも付け加えた。私たちはワトソン・ジュニアが時代の先を行っていたことを改めて思い知る。何十年も経ってから、他のCEOたちは「背伸びした目標」を設定することにようやく気づいたが、IBMはすでに二〇世紀の前半にそれを行っていたのである。

トーマス・ワトソン（父）は、よく従業員に「完璧を目指さずに成功するよりも、完璧を目指して失敗するほうがよい」と言った。これが「楽観主義と熱心さ、興奮、スピード感」の気風の基礎になった。会社はつねに懸命になって、よりよい仕事をしようとし、新製品開発からセールスコンテストのスローガンづくりまで、すべての業務を改善する方法を探した。トーマス・ワトソン（父）は、この楽観主義的気風に則って大恐慌時代にも営業担当社員を雇用していた。ライバル会社には、自分の歳になると「馬鹿げた」ことをするもので、「ポーカーに入れ込む奴もいれば、競馬に賭ける奴もいる。自分の趣味はセールスマンを雇うことだ」と言った。しかし翌年、経済状況が好転し、戦後景気がやってきたときには、トーマス・ワトソン（父）が馬鹿げているようには見えなかったのである。

——マグロウヒル編集部

PART

1

THE HERITAGE AND THE CHALLENGE

伝統と挑戦

1

最高のものを、どうやって引き出すか？

一九〇〇年に米国で上位二五社にランクされた事業会社のうち、今でも二五位のなかに残っているものはたった二社にすぎない。うち一社はそのまま存続しているが、もう一社は当初の二五社のうち七社が合併したものである。二五社のうち二社はつぶれた。三社は合併したが順位が後退した。残りの一二社は事業を継続しているが、いずれも大幅に順位を落としている。

このような数字を見ると、会社が消耗するものであること、成功は最もうまくいった場合でさえ、いつのまにかその手から逃げ出しかねない、はかない功績であることに改めて気づく。

誰が、社員の活力と才能を引き出したか?

会社の衰退あるいは没落の原因について、しばらく思いを巡らせてみよう。技術、嗜好の変化、流行の変化、いずれも原因の一部である。ところが、うまく繁栄する企業もあれば、同じ業界にありながら経営がゆらいだりつぶれたりする会社があるのも事実である。ふつう私たちはその違いを事業の競争力や市場の判断、その会社のリーダーシップの質などのせいにする。いずれも不可欠な要素であり、重要性は論ずるまでもない。しかし、私にはこれらが本質的に決定的なものとは思えない。

会社の成功と失敗を分かつ本当の違いをたどっていくと、社員のすばらしい活力と才能をどれほどうまく組織が引き出すか、という問題に行きつくことがとても多いと私は思う。社員が一致団結する目的を見出すために会社が何をするか。多くの競争相手や競争相手との違いがあるなかで、会社はどうやって社員を正しい方向に保つのか。さらに、時代の変化とともに生じる多くの変化のなかで、どうすれば共通の目的と正しい方向感覚を維持できるのか。

これらの問題は会社に特有のものではない。政治組織であろうと宗教組織であろうと、すべての大きな組織に存在する。なんでもいいから、大きな組織を想像してみていただきたい。長年にわたって存続してきたものを。それは組織の活力のおかげではないだろうか。組織形態や経営管理能力ではなく、我々が「信条」と呼ぶものの力と、信条が組織の人々に訴える力のおかげであると。

そこで私の持論を述べよう。

一つめは、生き残って成功を収めようとするあらゆる組織には、すべての方針と活動の土台となる健全な信条がなくてはならない。

二つめは、会社の成功にとって最も重要な要素を一つだけあげると、その信条を忠実に固守することである。

三つめは、変遷する世界からの試練にうまく対応するためには、企業はその一生を移ろううちに、その信条以外、自らのすべてを変える覚悟をしておく必要があるということである。

ＩＢＭは、信条がいかに組織の成長と繁栄に役立ちうるかを示す好材料を提供していると思う。その信条の一つたりとも独特のものであると言うつもりはないが、おそらく信条に対するＩＢＭの取り組みは特別なものである。少なくともＩＢＭの信条には、どんな価値かはさておき、他の組織にとっても価値があると思う。まず一～五章で、ＩＢＭの信条がどのようにして育まれ、適用されてきたのかを検証しよう。つづいて六～七章で、広い意味での米国企業の責任という視点で、先にあげた持論を展開しよう。

なぜ、ＩＢＭは成功できたのか？

私たちが特殊な経験をしてきたのだと言う人もいるだろう。ＩＢＭが成功しつづけてきたのは、稀な市場があり、長いあいだそのなかにいたおかげで他の会社より深い基礎を築くことができたからにすぎないと。この種の議論は、経営がふらふらした会社でも、私たちの会社と同じようなところに到達できたという結論を導く。しかし、ごらんのとおり、私たちはそうは信じていない。

確かに私たちはふつうの尺度を上回る成功を手にしてきた。もちろん、適切な時期に、適切な製品を持って、適切なポジションにいることが大いに役立った。それでも、そのことが決定的な要因だったとは考えていない。私たちが成功できたのは、主としてＩＢＭの信条の力のおかげだと思う。ただし私たちの哲学がすべてのビジネスにあてはまると言うつもりは少しもない。他の会社にも役に立つと期待はしているが、ＩＢＭの外にまで広めるような教義を持っているつもりはない。

ＩＢＭの最初の成長期である一九一四年から四五年のあいだは信条がまとめられ、試され、活用された時期だが、信条は会社が闘争を生き延び、業界のリーダーになり、米国企業のなかでも卓越した地位に成長するのに役立った。

次の成長期である一九四六年から現在［一九六二年］のあいだには、信条のおかげで私たちは技術の大転換を乗り越えて急速に成長することができた。その結果、国内で最も成長性の高い会社の一つになった。

この急成長を見てみよう。

私たちは約二〇年で、不器用に統合された三つの小企業から国際的な企業になり、一九六一年には米国と海外を合わせて二〇億ドルを超える収益をあげた。

私の父が入社した一九一四年には、会社の製品といえば、肉屋さんの秤、ミートスライサー、コーヒーの豆挽き機、時計、簡単な仕掛けのカードパンチ式の計算機くらいのものであった。今日、ＩＢＭのコンピュータは新技術の最先端に位置するもので、これは社会に根本的な衝撃を与える過去五〇年間で最大の発明になるだろうという人もいる。

何が、急成長を支えたのか？

その後、現在に至るまでの四八年間で、ＩＢＭは従業員一二〇〇人の会社から一二万五〇〇〇人を超える会社に成長した。そのうち三分の二が米国内の全五〇州におり、残りは海外九四カ国にいる。国内の収益だけを見ても一九一四年当時の年商四〇〇万ドルから、その四〇〇倍以上にまで増えた。この四七年間は一度も赤字になったことはない。一九一六年以来ずっと無配にせずに済んでいる。株式分割は合計八回行ったが、そのうち五回はこの一〇年間に実施した。加えて株式配当［現金の代わりに新株を交付すること］を二五回実施した。

その期間に税引後利益は五〇万ドルから二億ドル以上にまで伸びた。一九一四年当時の株主数はほぼ八〇〇名であったが、今では二二万五〇〇〇名を超えている。もし一九一四年にＩＢＭ株を一〇〇株買ったとすると二七五〇ドルかかったはずであるが、ずっとそのまま持っていれば一九六二年の九月三〇日現在で五四五万五〇〇〇ドルになっている。同じく一〇〇株を一九五〇年に二万一三〇〇ドルで買っていれば、ほぼ三三三万三〇〇〇ドルになっている。

これらのすべては、ほとんどのビジネスマンが生涯に働く期間に相当する四八年間に起こったことである。

今日のＩＢＭは見た目では一九二〇年当時とも三〇年当時とも、四〇年当時とさえもかなり違っている。製品は古めかしい脚のついた計算装置から、一秒間に六〇万回以上の計算速度を持つものまである高性能のコンピュータに変わった。堅くノリのきいたワイシャツの襟や、一九二〇年代から三〇年代にトレードマークになっていた社歌も消えてしまった。

しかしＩＢＭは、企業姿勢、会社観、精神、推進力においてこれまでずっとそうであった会社、そして私たちがずっとそうでありつづけようとする会社からまったく変わっていない。ほかのすべては変わってしまったが、私たちの信条が変わらぬままだからである。

2

社員を、いかに成長させるか？

偉大な組織を形成する信条は、一人の人間の性格、経験、信念から発展することが多い。他の多くの会社以上に、ＩＢＭは私の父、トーマス・Ｊ・ワトソンという人間を映し出したものになっている。

父がＩＢＭに入社したのは四〇歳のときで、たいていのビジネスマンにとっては、もう中年なので新たなキャリアを始められないのではないかと感じる年頃である。そのときまでに、父はビジネスで成功するのに必要と思われる信条のほとんどについて確かな手応えをつかんでいた。それらの信条に固執するあまり、いら立つこともあった。しかしこれらに対する深い信念は、そのまま会社の成功に結びついた。

父はニューヨーク州北部地方の農家に生まれた。ごくふつうではあるが幸せな家庭に育った。収入、そしておそらくは欲も控えめで、道徳的には厳格な家庭環境であった。彼が身につけていった大切な価値は、一つ一つの仕事をきっちり行うこと、すべての人々に対して尊厳と敬意を抱いて接すること、きちんとした服装をしていること、率直であること、つねに楽観的でいること、そして何よりも誠実であることであった。

これらは何も特別なことではなかった。一九世紀の米国の田舎町ではふつうのしつけであった。しかし、子どものころに当たり前だと思っていた教訓を、ほとんどの人はそれに則って生活を送るか、知らず知らず忘れてしまうかのいずれかであるが、父は生涯を通じて、教訓に懸命に取り組むことを自らに課した。彼にとってこれらの価値は、生活規範としてどんな犠牲を払ってでも守り、他人にも勧め、職業生活においても意識して従うべきものであった。

これらの初期の教訓はのちに、当時のナショナル・キャッシュ・レジスター社のオーナー社長であったジョン・H・パターソンの手で強化された。パターソンはいろんな意味で風変わりだったが、近代的なビジネスの先駆者として特筆すべき人であった。

真の社会改革者であり、近代的なセールスマンシップの父でもあった。彼の人格、手法、リベラルな従業員政策は、T・J・ワトソンに大きな影響を与えた。父だけではなく、パターソンはのちに大きく成功することになる優れたビジネスマンを何人も育てた。そのなかには、偉大な発明家のチャールズ・ケタリングや、長いあいだパッカード・モーター・カー社のトップを務めたアルヴァン・マコーリー、デルコ・ライト社とフリジデール社の前社長で、のちにゼネラル・モーターズ社の販売担当副社長になるR・H・グラントがいた。

さて、IBMの哲学は大きく三つの信条にまとめられる。私が最も重要だと思うものから始めたい。

信条1――個人を尊重する

これはシンプルなものではあるが、IBMの経営において最も長い時間をかけているものである。私たちは他の何よりもこの信条に対して努力を傾ける。

この信条について私の父は筋金入りである。控えめな環境で育った人のなかには、ふつうの人々よりいい生活ができるようになると、ふつうの人々に対してある種の軽蔑心を抱く人がいる。一方、指導的な地位についてもふつうの人々に対して独特の敬意と理解を抱き、彼らの問題に親身になれる人たちがいる。こうした人たちは、現代の産業国家では幸せというものが、ふつうの人々にとってコントロールしきれない大きな動きの犠牲になって損なわれてしまう場合があることを理解している。指導的な立場にある者は、従業員に関わる決定を下すにあたって、この姿勢をベースにすることが多い。T・J・ワトソンもその一人であった。父は辛い時期も厳しい仕事も失業も経験していたので、労働者の抱える問題についてつねに理解していた。さらにそのなかでも雇用の確保が最大の問題であることを認識していた。

一九一四年、パターソン氏と何度も衝突を繰り返したのち、父はナショナル・キャッシュ社の営業マネージャー職を解かれ、コンピューティング・タビュレーティング・レコーディング社（CTR社）に経営者として招かれた。この会社は三つの小企業の緩やかな連合体で、一〇年後にIBMになる。

ＣＴＲ社の士気は低下していた。社員の多くは会社に新しく入ってきたこの新入りに憤慨しており、社員どうしがいさかい合っていた。この状況で、雇用の確保についての父の信念が初めて試されることになった。

社員のクビを切らない

会社の経営状態には問題があったが、誰一人として解雇されなかった。Ｔ・Ｊ・ワトソンは組織に手をつけたり、動揺させたりしなかった。代わりに以前からいた社員を褒めたり可愛がったりして、今いる社員で成功を収めようと取り組んだ。

一九一四年のこの決断はＩＢＭの雇用の確保についてのポリシーにつながっているが、これは私たちの従業員にとって非常に大きな意味がある。私たちが持っているものので会社を築く、というポリシーはここから来ている。私たちは社員の能力を伸ばすことにたいへん力を入れ、職務要件が変わったときには再教育を行い、今の仕事で苦労しているとわかったときにはもう一度チャンスを提供している。

だからといって、ＩＢＭに勤めると終身雇用が保障されるわけではないし、ときには従業員にやめてもらうこともある。しかし、それは本気で彼らの向上を手助けする努力をしたあとの話だ。従業員のほうから私たちの会社を去っていくということがないわけでもないが、これらのポリシーがほとんどの社員の善意を引き出すのに役立つことを私たちは学んだ。

工場で働く人々にとっては雇用の確保が最大の関心であることがふつうなので、ＩＢＭにレイオフや一時休職を回避する力があることは、彼らが忠誠心や仕事に対する勤勉さでもって会社に応えようとするのに役立ってきた。何年ものあいだ、私たちはレイオフに頼らず、ビジネスチャンスに進んで取り組み、経営資源をぎりぎりいっぱいまで活用してきた。景気後退や製品の大転換があったにもかかわらず、かれこれ四半世紀ものあいだ、一時間たりともレイオフによって仕事を失った者はいない。

この記録が可能になったのは、幸い私たちの市場が比較的安定していたおかげである。とはいえ、給料を削減するという安易なやり方を選びかねなかった時期もあった。たとえば大恐慌〔一九二九年から三三年頃〕のときには民間労働者の四分の一近くが失業したが、ＩＢＭは拡大計画を発表した。工場での大規模なレイオフに頼る代わりに、部品を生産して在庫を積み増した。年商一七〇〇万ドルにも満たない会社にとっては勇気のいる賭けであった。幸運にもリスクを負ったことが一九三五年になって報われた。この年、社会保障法が議会を通過し、ＩＢＭは競争入札で過去最大の売上規模になる仕事を受注した。積み増した部品在庫のおかげで、私たちはほとんど即座に機械装置を製造し、納品しはじめることができたのである。

仕事をしやすい環境を用意する

今日、私たちが頻繁に実施する社員意識調査を見ると、会社が雇用の確保を堅持することが重要なのは、それが社員がＩＢＭのために働きたいと思う主な理由の一つであるからだとわかる。

しかし、雇用の安定は良好な人間関係の一面にすぎない。ＩＢＭはこの分野についてジョン・パターソンから多くを受け継いだ。いろいろな意味で、パターソンは典型的な一九世紀型の事業家であった。彼は競争を嘆き、それを乗り越えようと力を尽くした。一方で、ほとんどの事業家が労働者の要求を突っぱねようとしていたのに対し、パターソンは従業員の福利厚生を大幅に向上させた。数十年も時代の先を行っていたのである。彼は自らのキャリアの早い時期に手痛い教訓を学んだ。工員たちが無頓着であったために五万ドル相当もの欠陥装置を製造してしまい、彼の会社はほとんど潰れかけたのである。パターソンはその答えとして、従業員のために先進的な設備の整った近代的な工場を建てることにした。会社の敷地内に勤務時間内に利用できるシャワー施設や、実費で食事を提供する食堂、娯楽施設、学校、同好会、図書館、公園を設けた。他の事業家はパターソンの考え方に唖然としたが、彼は割に合う投資なのだと言い、実際にそうなった。T・J・ワトソンはパターソンのやり方を注意深く観察し、その多くをIBMで実行した。

初期のCTR社は赤字すれすれのところで操業していたので、お金がなくてパターソンの立派な工場の建物や気前の良い福利厚生メニューを真似ることができなかった。代わりに父はイベントプロデューサー的な才能を発揮した。バンドのコンサートやピクニックを開催したり、スピーチ・コンテストを実施したりした。愛社精神を生み出すために、ほとんどあらゆる種類の士気を鼓舞する手段を試した。より実質的な部分である賃金と福利厚生が平均水準以上になったのは、その後のことであった。

社員のことを一番に考える

私たちが賃金と雇用の確保と同等に大切だと考えてきたことは、会社が従業員の尊厳を尊重することである。先に述べたように、ＩＢＭの経営陣は製品のことよりも社員のことのほうに時間を費やしている。企業経営者として利益指向を持ってはいるが、社員は第一番目でありつづける。私たちはときには厳しい行動をとることもあった。力を発揮できていないマネージャーについては尊厳がかなり損なわれたこともあったが、彼らがプライドを回復し、自尊心をもって仕事ができるように多大な努力が注がれた。

私たちが以前から人間関係を重視してきたのは、温情主義から出たものではなく、会社が社員を大切にし、さらに社員が自分を大切にする手助けをしたときに、会社の利益は最も大きくなるだろう、というシンプルな信条から出たものであった。

経営陣はまた、個人にはそれぞれの問題や志、能力、フラストレーション、目標があることも認識していた。私たちは組織に埋没する人がいないこと、とりわけ、マネージャーの公平でない態度や個人的な気まぐれの犠牲になる人が一人もいないようにしておきたかった。そのために「オープンドア」ポリシーと呼ぶものを編み出した。これは私たちの従業員政策の基本的な要素になっている。

従業員の不平に耳を傾ける

「オープンドア」ポリシーは、父が工場や営業所の社員たちとしょっちゅう仲良く付き合っていた関係から生まれた。これらの社員たちにとって、問題を父のところに相談に来るのは自然なことであったし、やがて正規の手続きになった。父は自分が来訪したときに相談に来ることを奨励した。彼はそのことを社内一斉電話で事業所や工場に伝えた。周囲とうまくいっていない社員や上司に不公平な扱いを受けていると思う社員は、工場や営業所のマネージャーのところに行くように言われた。それでうまくいかなかったら、次にその問題を父のところに持ち込むように言われた。

何百人もの従業員がまさに文字通りそれを実行した。大勢の社員がニューヨーク州エンディコットにある工場から一日休みをとり、ニューヨーク市にある父のオフィスにやって来て、自分の問題を話そうとした。父はよく不平を言う社員の味方になったときには必要以上にそうしたのはまちがいない。

しかし、そうして彼は非常に多くの従業員と永らくつづく関係を築き、彼らのおかげで社内でどんなことが起こっているかをつねに把握しておくことができた。彼が亡くなった一九五六年には、五万七〇〇〇人いた当時の従業員のほとんどが父のことを頼りにできる友人だと思っていた。

「オープンドア」は現在も当時のままである。この種のポリシーがあると、大勢の昔からいるタイプのマネージャーは背筋が凍る思いをすることはわかっている。そういうマネージャーにとっては自分の権威を脅かすものに思えたり、もっと言うと首切り台にさらされているように思えるかもしれない。しかし現実には、この政策はＩＢＭでは顕著な効果を発揮してきており、その一番の理由は、それが存在するだけで管理職の影響力に節度をもたらすからである。マネージャーは自分の部下に影響する決定をするときはつねに、その決定の公平さについて上級管理職に説明を求められかねないことをわかっている。

これまで折に触れ、この政策の実用性について見直してきた。今日ではＩＢＭが成長し、米国内だけで八万人を超える従業員がいるのでなおさらである。問題を抱える社員すべてが社長か私に会いたいと要求したら、明らかに二人ともはるか以前に時間が足りなくなってしまっただろう。

その解決策として、将来、この直訴先を一段下の階層あるいは事業部の社長か本部長クラスに降ろさざるをえないだろう。しかし、困難さはともかく、私たちは誰もが社内で話をしたいと思う相手と話す機会を拒むつもりがないことは確かだ。実行に移すかどうかはともかく、その権利があるという事実のおかげで社員は安心できる。またこの政策があることが、管理職の権力濫用の歯止めになっていると私は信じている。

従業員の処遇に格差をつけない

私たちの会社の経営陣はずっと、会社のなかでブルーカラーの社員とホワイトカラーの社員の処遇に格差をつけるのは避けるべきだと信じてきた。何年ものあいだIBMは、職位や役職にかかわらず、勤続年数に応じてすべての従業員に同じ福利厚生をしていた。今日までの保険や休暇の条件は勤続年数に連動している。医療保険など、その他の福利厚生も誰もが同じ条件で受けられる。ただし現在、退職金の条件については勤続年数と給料の額を同等に扱っている。

工場での出来高払いは何年も前にすべて廃止された。工場の現場のマネージャーは部品生産の記録をつけていなかったが、それは会社としては、彼らに部品の製造数に応じて工員たちを評価してもらいたくなかったからだ。IBMの従業員は、事業に対する総合的な貢献度についてのマネージャーの評価判断に基づいて報酬を支払われていた。

こういったやり方は、ある面では明らかに非効率の原因になった。しかし全体としては、時間給社員の士気を高めることに大いに貢献した。

上司は部下を助ける

当たり前のことだが、良好な人間関係を維持する鍵は個々のマネージャーである。私の父は最初、ナショナル・キャッシュ・レジスター社で働いていたが、そのとき一つの経営上の教訓を得て、のちにそれをＩＢＭの恒久的な信条にした。キャッシュ社として知られていたその会社に入った直後の数週間、父は見込み客の訪問をつづけたが何一つ売れなかった。上司は父を呼びつけて、かなりきつい態度で接したあとにこう言った。

「若いの、俺が見込み客のところに一緒に行ってやろう。それでだめだったら俺たちは共倒れだ」

彼らは営業に出て、一緒にいくつか注文をとった。その後はセールスのコツが少しつかめてきて自信も取り戻したので、父にはその仕事がはるかに楽に感じられるようになった。このエピソードは父に強烈な印象を与えた。

現在ではこうしたやり方をすることをＩＢＭの全マネージャーが期待されている。マネージャーは部下たちと一緒に仕事し、部下を手助けし、訓練する方法を知っていなくてはならない。たとえば、ある営業担当社員がうまくいっていないときには、何度もその社員の営業訪問に同行し、力を伸ばす手助けをすることが、営業所長やその上のエリアマネージャーにまで求められる。

生え抜きを昇進させる

もう一つ人間関係に大きな意味を持ってきた考え方は、昇進する機会を継続的に提供することである。私たちは急成長してきたので、昇進機会を数多く生み出してきた。社外からマネージャーを雇う誘惑がいくら強かろうと、ほとんどの新しいポストには内部の人材を充ててきた。専門性がほとんどないレベルの社員を除けば、社外から採用した社員はほんの数パーセントにすぎない。トップレベルの科学者や弁護士、その他の専門家も少しばかり採用してきたが、これらを例外とすれば、すべての会社幹部は社内の生え抜きである。このことは社員の士気を維持してきた重要な要因である。

工場では必ずしも他の事業所と同じように多くの人たちを昇進させることはできないが、昇進以外にも高い士気を保つためにできることがあると私たちは知った。一つの手法は職務範囲の拡大である。ほとんど自動化された装置を一日中動かして同じ部品を何百個も作っていると、個人としての達成感がほとんど得られないこともあるだろう。ＩＢＭはこの問題に取り組み、実践可能な場合はつねに、工員が一つの工程から次の工程に移るときにその人なりに組み合わせた仕事をするように訓練指導する。工員は製品を組み立てることもあれば、自分の作ったものを検査することもある。最も退屈な仕事は輪番にして単調さがつづかないようにする。こうすることが社員個人の面目、達成感、参加意識を保つのに役立つ。

原因と結果の関係は明らかでない場合もよくあるが、人間関係に対する私たちの姿勢がなければビジネスの目標を達成できなかったであろうということを、私はこれまでずっと確信してきた。

個人の領分を侵さない

組織が、所属する人たちと一体になろうとするあまり「チーム」意識が強くなると、個人の存在がかき消されて自分の存在感を見失い、同僚と金太郎飴のようになってしまうという人もいる。私が見るかぎりで言うと、今日の私たちの会社では問題になるレベルでは当てはまらない。外部と比較して、社員の独立心が強いとは必ずしも言えないが、逆に弱いこともないと私は思っている。

私たちの会社には絶対にボートを揺らしたりしないほど慎重な安全指向の社員が、そこそこの割合でいるのではないかと思う。しかし世の中には、ぼんやりした大学の教授とか、変わり者の科学者、規律に厳しい軍人という典型的なイメージの人たちが少しはいるものだろう。これらの人々がその職業に一般的な人種だとは言えないのと同じく、典型的な「組織人」が会社にいる人のすべてに当てはまるわけではない。

ＩＢＭには一二万五〇〇〇人を超える社員がいる。そのうちの結構な数の人がとくに個人主義的で、何人もの個人名をあげることもできる。彼らは社会的にも知的にも自由を大切にしており、私には彼らがいかなる対価を受け取ってもそれを手放すとは思えない。自ら認める通り、彼らは自分たちの仕事とそれに付随する保障と給料を好むのであろう。しかし、彼らのほとんどは、会社があまりにも個人の領域に侵入してきて、もう自分では決められなくなったと感じたら、別れを告げて出て行ってしまうだろう。そういうふりをしているだけの人が会社には一定の割合でいるものだろうが、大会社だからといってその割合が多いわけではないはずだ。

一九六一年の初め、営業部隊に向けた話のなかで、私は当時のケネディ新政権について自分の見方で評価をしようとした。政治がテーマではなかった。自分の見方を押しつけたわけではなかった。単に楽観的な評価であった。しかし、会議が終わると何人もの営業担当社員が前にやってきた。彼らが言うには、私のビジネスの話なら耳を傾けるが、会社の会議で新政権の話題を聞きたいとは思わないそうだ。

ニューヨークに帰ると、同じ文脈の手紙が何通か届いていた。やめておきなさい、あなたは関係のないことで私たちの領分を侵そうとしている、とでも言いたげであった。

当初、私は誤解されていることに少し嫌な気分がしたが、考えてみるとうれしかった。というのも彼らが誰の命令にも従わず、まったく躊躇せずに私にこのことを伝えてきたのは確かだったからだ。ものの本によれば、こういった行為は組織人がとるべきものではない。

野ガモを飼いならしてはいけない

大きな組織がある場合とない場合とでは、個人が得られる達成感はおそらく異なったものになるだろう。大組織における挑戦はスケールが大きく、達成感はまさに挑戦が成功した見返りである。大組織で偉業を成し遂げた人たちが、もしそれほどの挑戦をしていなかったら、成し遂げたことも小さかったかもしれないし、自分たちがそれほどの潜在能力や個性を持つことに気づかなかっただろう。

私たちは、ＩＢＭに必要な人材についてよく「野ガモ」の寓話を引き合いに出す。デンマークの哲学者、セーレン・キルケゴールが説く教訓である。その物語によれば、ジーランドの海岸に、毎年秋、南に渡る野ガモの巨大な群れを見るのが好きな男がいた。その男は親切心から近くの池で野ガモたちに餌をやるようになった。しばらくすると一部のカモは南へ渡るのが面倒になり、男の与える餌を食べてデンマークで冬を越した。

やがて、残ったカモはますます飛ばなくなった。野ガモの群れが戻ってきたときには、輪になって歓迎したが、すぐに餌場の池に引き返した。三、四年も経つと怠けて太ってしまい、気づいたときにはまったく飛べなくなっていた。キルケゴールの説く教訓は、野ガモを飼いならすことはできるが、飼いならされたカモを野生に返すことは決してできないというものである。飼いならされたカモはもうどこへも行くことはない、という教訓を付け加えてもいいだろう。

私たちは、どんなビジネスにも野ガモが必要なことを確信している。そのためIBMでは野ガモを飼いならさないようにしている。

3

最高のサービスと完璧な仕事とは？

何年か前に、私たちは太字で「ＩＢＭはサービスです」とだけ書いた広告を出した。自分たちにとって最高の広告だとよく思う。これこそ、私たちの方針を明瞭明確に表現している。また、「私たちは世界中の会社のなかで一番の顧客サービスを提供したい」という、私たちの企業信条の第二原則を簡潔に表している。

信条２――世界一の顧客サービスを提供する

サービスが私たちの良い評判にとって鍵になるファクターであることを、私たちはわかっている。T・J・ワトソン（父）は早くから、評判がとても重要であることに気づいた。

顧客サービスに専心する

一八歳のとき、T・J・ワトソン（父）はニューヨーク州北部を馬車を駆ってピアノやミシンを売り歩いていた。お客さんは農家で、彼らは、当時のつねとして、めったに多額の現金を持っていなかった。父は商品を売るために、よく家畜や農機具を代金替わりに受け取って、あとで自分の本拠地であるペインティドポストに戻って売り払った。その二年間は、どうすれば人々とうまく付き合えるか、どうすれば公正な取引をして人々を幸せにできるかについての良い訓練になった。二度目にその地域を回ったときは、すぐにビジネスの黄金律の重要性がわかった。というのも多くの人々が、父の製品を買って満足したお客さんからの口コミで父から商品を買おうとしたからである。

ＩＢＭの営業とサービスの部隊は、サービスについてのがんこな主張に対して第一の責任を負っている。卓越したサービスという評判を維持するために、私たちはずいぶん以前に営業担当者とカスタマーエンジニアを選抜する高度な基準を確立した。

最高水準の営業担当者を引きつけるために、ＩＢＭは売上歩合、前金、分配金、担当エリア保障を活用した。当時はまだこれらの手法のほとんどは革新的なものと見られていた。また営業担当者のための学校を設け（現在では一八カ月間のトレーニングコースが実施されている）、候補生を採用するために大学を回った。

カスタマーエンジニアの選抜と訓練も同じように注意を払って実施された。電子機器が高速化し、設置するシステムが大規模化したために、この職務に求められる要件がかなり高度になってきたので、今では一人採用するのに平均して二五名の応募者と面接している。

顧客サービスに専心するなかでＩＢＭが学んだことは、見込み客のためになる最善の方法は、求められるものに合わせた機器類を提供することであって、自分たちの装置に合うように仕事のしかたを変えてもらうように頼むことではない、ということである。

私たちは、顧客に良いサービスを提供するためには、会社の全部門の協力が必要であることにも気づいた。このことを思い知ったのは、何年か前にエンディコットにある工場に活動の多くを集中させたときであったと思う。そこには、営業とカスタマーエンジニアリングの学校があり、一九四〇年代には営業集会も実施していた。顧客の幹部や管理部門の社員もエンディコットに来て学んだ。これによって社員全員が一体になり、さらに顧客とも一体になり、顧客の抱える問題をよく知ったおかげで、よりよいサービスを顧客に提供できるようになった。

機械ではなくサービスを売る

私たちのようなビジネスにおいては、サービスの評判は会社にとって一番の資産である。私たちの機器がきちんと動くことが顧客のビジネスの生命線であることも多い。長時間のシステム停止はビジネスにとっては命取りになりかねない。さらに言うと、ＩＢＭで「販売」と呼んでいるもののほとんどは、実はレンタルである。ＩＢＭの契約では提供するものはつねに、レンタルの「機器」ではなく機器による「サービス」、つまり設備としての機能とＩＢＭのスタッフによる継続的な助言である。

仕事が通常通りに運んでいるときには、私たちはサービスについての自分たちの評判を維持するためにできる限りのことをする。作業手順が変わったために新規の設置がうまくいかないとき、あるいは火災や浸水でシステムが損傷したときのような例外的な場合には、ＩＢＭのカスタマーエンジニアや営業担当者、システム担当者は徹夜でも週末返上でもシステムの面倒を見ることをいとわない。顧客企業の給料の支払いが遅れないようにするために、何人もの担当マネージャーが夜を徹して腕まくりをして働く。

そのうちに、ＩＢＭでは良いサービスはほとんど「反射」と言ってもよい活動になり、父は好んで会社にどんなことができるかを示そうとした。

「戦時生産会議（ＷＰＢ）」は彼に絶好の口実を与えた。ＷＰＢのメンバーがイースター前の金曜日の午後遅くに訪ねてきて、一五〇台の機器を注文し、週明けの月曜日にはワシントンＤＣに納品してもらいたいと要求した。父は間に合わせましょうと答えた。

土曜日の朝、彼はスタッフとともに全国のＩＢＭのオフィスに電話をかけまくり、一五〇台の機器をイースターの週末に出荷するよう指示した。訪ねてきたWPBの担当者を安心させるために、スタッフに指示を出してトラックがワシントンに向けて出るたびに発送時刻と到着予定時刻を知らせる電報を、その担当者のオフィスか自宅に送った。

また、昼夜ぶっ通しで運転するトラックの護送のために、警察と陸軍の協力を取りつけた。カスタマーエンジニアが集められ、機器の受け取りと設置業務の拠点としてジョージタウン［ワシントンDCに比較的近い都市］にミニ工場を設置した。IBMには――WPBにも――その週末一睡もしなかった人々がいた。

これらは些細なことではない。社員と顧客の関係、そのお互いの信頼、評判を大切にすること、顧客を〈つねに〉優先する思想。これらすべては、心底確信して実行に移したとき、会社の命運を大いに左右しうる。

信条3――すべての仕事を最高のやり方で遂行する

ＩＢＭの三つめの信条は、前の二つに実効性を持たせる力を持つ。

「会社というものは、すべての仕事を最高のやり方で完了させられるという思想をもって遂行すべきである、と私たちは信じる」

ＩＢＭは社員に、どんな仕事であれ最高の成果を出すことを期待し、要求もする。

この種の信条は、異常なまでの完璧主義とそれにつきものの精神的恐怖感を呼び起こすとも思う。ご承知の通り、完璧主義者でつきあいやすい性格の人はめったにいないから、完璧さを求める環境は居心地がよさそうには思えない。しかし、完璧さの追求は進歩のためのいい刺激になる。

完璧さのための持続的な努力に加えて、不可能に見える仕事を進んで引き受ける会社だけが抜きん出る、と私たちは信じる。他人が無理だということに取り組む人間こそ、発見をし、発明を生み出し、世の中を進歩させる者である。

Ｔ・Ｊ・ワトソンは社員によくこう言った。

「完璧を目指さずに成功するよりも、完璧を目指して失敗するほうがよい」

このように完璧さを強く要求し、ほとんど不可能な仕事に取り組んだ結果として、すぐに社内には「気風」とでも呼ぶべきものが生まれた。これは、楽観主義と熱心さ、興奮、スピード感の混じり合ったものであった。会社はつねに動きつづけ、変わりつづけ、よりよいもののために努力しつづけていた。その証拠は、新しい製品、新しい営業所、セールスコンテスト、スローガンなどあらゆるところに見られた。たとえまちがっていようと何かをすることが、何もしないことよりもよしとされた。

楽観的に考える

成功を信じることが成功の助けになりうる。

遡って一九二四年のこと、まだ肉屋の秤や時計のようなものが主力商品だったころ、私たちは無謀にも社名をコンピューティング・タビュレーティング・レコーディングから、インターナショナル・ビジネス・マシーンズ（ＩＢＭ）に変更した。私たちはいつも、その当時の貸借対照表が示しうる実態よりもはるかに大きく、はるかに立派で、はるかに成功している会社であるかのように行動した。

すでに指摘したように、この気風の一部は楽観主義であったし、当然ながら父はその面で傑出していた。一九三〇年代の大恐慌時代のある日、父は美術ギャラリーで主要な競争相手の一人に出会った。当時ＩＢＭはとくによい業績ではなかったが、前年並みの収益をなんとか確保していた。相手の会社はもっと苦しい状況にあった。

彼が父に言った。

「トム、この大恐慌なのに君はまだセールスマンを雇っているそうだね。君の会社にとってそんなに気をつかうことなのかい？　解せないね」

父は言った。

「そうだな、ビル、この歳になると人は何か馬鹿げたことをするもんだろ？　ポーカーに入れ込む奴もいれば、競馬に賭ける奴もいる。いろいろあるだろ。で、私の趣味はセールスマンを雇うことなんだ」

この楽観主義はほとんどひらめきの域を出なかったが、割に合った。翌年になって景気が回復し、戦中戦後の好景気が始まったので、父が営業担当者を雇っていたことがＩＢＭにとって非常に喜ばしい結果になった。

士気を高揚させる

一九三九年には万国博覧会の一日をＩＢＭデーにしたが、翌年には会社負担で一万人の社員を呼び寄せた。社員たちは、ふつうではない個人と並外れた潜在力を持つふつうではない会社のために働いているのだと気づいた。

一九三〇年代までにわが社の営業集会は一大イベントになっていた。営業担当者が朝起きたときにはドアの下に新聞が入れてあり、そこには前日のイベントがすべて記事になっていた。当時は海外にいる営業担当者も営業集会に参加していたが、彼らの席には母国語でスピーチが聞こえるようになったヘッドフォンが用意してあった。

当時コロンビア大学の学長だったアイゼンハワー将軍が、一九四八年七月に行われた一〇〇%クラブ［ＩＢＭで予算を達成した営業担当者が招かれるクラブ］の会合で演説をするためにエンディコットに来たとき、父は、工場の社員たちに話をしてもらうために、もう一時間だけ割いてくれるように彼を説き伏せた。その一時間のあいだに工場の社員は仕事を離れ、主工場の前の通りに演台を造った。将軍と父が演台に上ろうというときに大工が最後の釘を打ち終わった。「なんてことやるかねぇ」という社員のつぶやきが聞こえた。

ある意味では、次は何を期待すればいいのか誰も見当がつかなかった。教科書的な経営ではなかったかもしれないが、おかげで緊張感が保てたようだ。仕事はつねにとても精力的なやり方でこなされ、どれほどのエネルギーが費やされているかはほとんど気にされなかったが、その結果得られる品質とそれが人に与える感銘に対しては大きな関心が向けられた。

一九三四年に私たちは営業部隊に対してこう伝えた。会社の利益が今の二倍になったら年次総会をヨーロッパで開くつもりだ。予算を達成した営業担当者は全員、総会ツアーに参加できる、と。一九四一年には利益が二倍になったのだが、ヨーロッパはヒトラーの計画とぶつかってしまい、ツアー計画は戦争に呑み込まれて消えた。

一九六一年になって、当時営業担当としてツアーに参加する資格のあった古株の社員が手紙を寄こして、例の約束が実行されていないことを思い出させてくれた。約束を守らないといけないことはわかっていたし、実行する機会があるのはうれしかった。そして六二年の夏、ツアー参加資格のあった一八七人の営業担当者がそれぞれの夫人を連れてヨーロッパを旅行し、戦争で途絶えていた時間のつづきを実現した。

この旅行には米国とヨーロッパの営業担当者の交流の機会が設けられたので、お互いに役立ったはずだ。それればかりでなく米欧の双方の社員にとって士気を高揚させる効果があった。

組織のバランスをとる

今になって振り返ると、会社の形成期に私たちがしたことの多くはまさに科学的であったことがわかる。しかし私たちが学んだのは、組織にとってリーダーシップやドラマチックなものを本能的に求めることが、教科書的な良い経営手法に倣うことよりも何倍も重要な時期があるものだ、ということだと私は思う。

おそらく父の最大の業績は、ＩＢＭに独特の気風を築いたことである。気風が生まれたのは、彼が信条を会社に持ち込んだことによるところが大きい。というのも、信条と一緒に彼は活力と活気を持ち込んだからである。しかし、これもまた、そのとき、その状況で最もふさわしいものは何かという彼一流のセンスで味付けされていた。物事が難しい状況にあり、ソリが上り坂にあるときにも、彼はとても楽観的でいることができた。

しかし、物事が順調に見え、将来の見通しがよくなってきたときには、その状況にあぐらをかかないようにずっと警鐘を鳴らしつづけた。私はこれはすべてのリーダーが組織のバランスをとる存在であるために不可欠なことではないかと思う。

確かに結果論に反論はできないものだ。一九一四年から四六年にかけて会社の利益は三八倍に伸びた。第二次世界大戦の終わりには、ＩＢＭの経営陣は私たちの事業の土台になっていた方針に対して深い信念を抱くようになっていた。

「個人を尊重し、サービスを重視し、何事においても最高を追求せよ」

という信条である。これらの信条が力を発揮した最大の理由が、それぞれの信条がうまくかみ合って補強しあったことであるのはまちがいない。

いい人材を雇って大切に扱えば、彼らはいい仕事をしようとするだろう。やる気と事例を示すことで互いに刺激しあうだろう。おのずと速いペースで走るだろう。

そして彼らが適切に導かれ、折に触れて激励されるならば、さらに会社が何をしようとしているかを理解し、会社の成功を分かちあえるとわかっているならば、彼らは多大な貢献をするだろう。

顧客は求めている最高のサービスを手に入れるだろう。

結果として顧客にも従業員にも株主にも利益がもたらされる。

つねに優位性を競う

私たちのビジネスのやり方は、事業の性質と高い収益性ゆえに享受できた贅沢な方法だと考える人がいるのはわかる。確かに、もっと有望とはいえない分野であったなら、これほど成功していなかっただろう。しかし、どんなビジネス分野にいたとしても、この同じ信条と同じ初期のリーダーシップがあれば、やはり先頭にいただろうということに深い確信を持っている。

興味深い話をあげると、私たちは一部の人々に思われていそうなほどには、この業界を順風満帆で来たわけではない。ハーマン・ホレリス博士が最初の電気感知式のパンチカードを開発していたとき、統計局の同僚にジェームズ・パワーズという名前のエンジニアがいた。パワーズは、私たちのものと同様の結果を得られる機械感知式パンチカードの特許を取得した。

パワーズの特許はそれ以来、立派な会社が所有してきており、ホレリスの特許は私たちが所有してきた。これらの特許の所有者たちはいくつもの業界初を生み出してきた——そのなかには最初のプリンタ付表計算装置や最初のアルファベット文字プリンタも含まれている。私たちは新製品の発表で後塵を拝するたびに、それを個人の汚名だと受け止めて顧客のニーズに応えるべく努力を倍増した。

ときには精力的に反応できないこともあったが、そういうときにはいつも地歩を失ってきた。自分たちが競争力を持つ領域で地歩を明け渡したのは、優位性を競うことを忘れてしまった結果だった。全体的に成功しているときにはこうなりやすい。

「全部勝つなんて無理だよ。全体としてはよくやってるじゃないか」と言えばいいからだ。これが失敗への第一歩である。私たちも一度や二度は経験したが、幸いにも、つねに負け癖がつく前に直してきた。

4

激しい変化に立ち向かうには？

ＩＢＭは第二次世界大戦を経て大企業になり、業界最大の会社になった。一九一四年の創業から四六年までの三二年間に、私たちは強固な企業信条を試し、実行してきた。当時の私たちの課題は、会社やそれをとりまく環境が新たな試練に直面し、それに対応するために根本的な変化をしているときに、これらの信条を堅持することであった。

変化するなかで自分たちの信条を維持するために、私たちはそれまで知らなかったような問題を経験することになった。従業員が二、三〇〇〇人で、製品のラインアップが何年かかかけてゆっくりと入れ替わり、突き詰めれば二、三人の経営陣によって経営されている、という比較的小さい会社であったときに自分たちの信条を堅持することと、新しい技術や新しい製品、新しい市場と会社の急成長をもたらした変化の大波のなかで同じ信条を活かすこととはまったく異なる。

まず、成長だけでも問題だった。一九四六年には、IBMの国内総売上高は一億一五〇〇万ドルだったが、六一年には一四倍に増えて一七〇億ドルになった。米国内の従業員数は一万七〇〇〇人から八万人に増えた。この戦後一五年間にデータ加工の顧客数は六〇〇〇社から一万九〇〇〇社に伸びた。製造業としての側面でいうと、エンディコットとポーキプシーに主力工場があるだけでニューヨーク州を中心にした会社だったものが、一九五〇年以来、北東部のバーモント州から西海岸のカリフォルニア州にまたがる九つの州に一一の新工場を建設してきた。

一九四六年には海外事業は比較的小さく、国内カンパニーの一部門が運営していた。完全子会社であるIBMワールドトレード社に属する多数のカンパニーの昨年度の総売上高の合計は五億ドル近くあった。これは一七〇億ドルの国内総売上高には含まれない。新しいIBMの事務所が完成したばかりの西ベルリンから、IBMの施設が王宮のなかにあるバンコクまで、ＩＢＭワールドトレード社は国内カンパニーよりも速いスピードで成長している。

未曾有の技術革新に、どう対処するか？

技術面でも同じく、私たちは激しい変化を経験してきた。戦前まで、一九一八年当時の機械と三八年当時の機械はかなり似た部分があった。確かに同じというわけではなかったし、処理能力も高くなっていたが、操作方法はまったく同じで、電気感知式のパンチカードという昔ながらの原理で動く点も同じだった。しかし今では、装置はすごい速さで変わりつつあり、データ加工売上の相当な部分がわずか六年前に発表された機械からあがっている。さらにコンピュータというまったく新しい世代が目の前に近づいている。

電気機械式パンチカード装置から、磁気テープによる入力と高速印刷を備えたコンピュータへのシフトは、その過程が、宇宙航空産業におけるＤＣ–13型からタイタンミサイルへの進歩と同じくらい革命的である。これらの変化は、当社の社員と彼らの仕事のすべてをひっくり返すような影響をもたらした。

新しいコンピュータを設計・製作するためには、大規模な工学・技術部隊を創設し、多数の製造部門の社員を再訓練しなければならなかった。新しいシステムを売り、それらが動くようにするためには、営業スタッフを増員し再訓練する必要があった。私たちは、プログラマやシステムエンジニアといった、まったく新しい専門職を作り出すための支援をした。さらに、装置を設置してメンテナンスをする熟練したカスタマーエンジニアの全国部隊をつくるために、採用と訓練から行わなければならなかった。

一九三〇年代には私たちが雇っていたエンジニアの社員は、伝統的な電気や機械の訓練を受けていた。現在、多数の新しい専門職を求人しないといけないが、その多くは危機的なまでに人材不足である。私たちの研究所では、エレクトロニクスと物理の分野の専門家や、化学者、冶金学者、数学者を集めはじめた。当時の私たちの事業には、いくつもの重要分野における基礎研究が必要だった。私たちは応用研究やエンジニアリングの分野にはかなり踏み込んでいたが、最高水準の理論的思考が必要になっていた。

これらの変化は、現場業務にも根本的な影響をもたらした。比較的単純な計算機を売る訓練を受けていた営業担当者は、気づいてみると、突如としてものすごく複雑な一〇〇万ドルクラスのコンピュータを設置する責任を負っていた。カスタマーエンジニアは電子計測装置という新たな未知の世界に足を踏み入れた。

おそらくこの転換の衝撃の大きさを最もうまく説明できるのは、過去二〇年間の計算速度の進歩である。大型コンピュータの第一号機である「マークⅠ」は、ＩＢＭがハワード・エイキン博士と協力して製作し、一九四四年にハーバード大学に贈られたものだが、一秒間に三回計算する能力があった。商用の大規模なＩＢＭのコンピュータ第一号機である「７０１」は、一九五二年に一秒間に一万六〇〇〇回の計算ができた。今日では、一秒間に二二万五〇〇〇回の計算能力がある装置が業界では当たり前になっている。

データ加工処理は計算速度以外の面でも速度が向上してきた。パンチカードは一秒間に一三三文字のデータを装置に入力できたが、現在の磁気テープは一秒間に一七万文字のデータをコンピュータに取り込ませることができる。

このように技術と成長速度が同時並行で爆発的に伸びたことによって、私たちの会社には厳しい負荷がかかったが、私たちはそれを乗り越えて納得のいくレベルの成功を果たしたのだと思う。確かにいくつもの問題があったし、ほとんどが初めて直面するものだった。解決したものもあれば、まだ抱えている問題もあるが、ほとんどすべてのケースにおいて、これまでに私たちは何らかの厳しい教訓を得てきた。そして、多くの教訓が私たちの信条に関わるものである。

会社観と信条を植えつける

一九四六年以前の時期には、社員の幸福に関心をもっていることを全員に理解してもらうことは割とやさしかった。社員数が比較的少なかったこともあるし、社員も少しずつしか増やさなかったからである。新たに入社した社員は、やがて上司や同僚から会社の伝統について学んだものだった。

しかし一九四六年以降、技術と成長速度の急速な変化が始まってからは、社員は会社の最も重要な資産であるという私たちの考えを従業員一人一人に信じてもらうのが難しくなってしまった。

一九四六年より前には、平均の成長率は年に一二％を超える程度であった。五〇年代初めの時期には、年率二四％で成長した。もし会社の信条がなにがしかのものであるというなら、新しい社員にＩＢＭが何のために存在するのかを明瞭に示さなくてはならなかった。

当然、私たちはふつうの会社のコミュニケーション手段をすべて用いた。しかし、社員の理解を支援する鍵は個々のマネージャーの手に委ねられていた。あいにく一九五〇年代中後半当時のマネージャーのほとんどはまだ入社後間もなく、彼らに会社の伝統的な哲学を説明するのは難しかった。

私たちはこの問題に取り組むために、管理職スクールを二つ設置した。若手幹部用と、その二年後に設けたラインマネージャー用のスクールである。これらのスクールは経営全般を教えるためだけのものではなく、とくに重要な目的は、管理職にＩＢＭ

の会社観と信条についての感覚を身につけさせることであった。

のちになって私たちは、スクールが経営に重点を置きすぎる傾向があり、信条については不十分であることに気づいた。これでは荷車を馬の前に置いているようなものだと感じたのでカリキュラムを変更した。ＩＢＭの管理職は、信条をしっかりと踏まえていることが決定的に重要であると私たちは思ったからだ。そうでなければ、私たちは会社観と合わない経営観を持ちはじめるかもしれない。仮にそんなことになれば会社の成長を鈍化させかねないし、会社の経営に対する基本的な姿勢も変わりかねない。

しかし、たとえ個々のマネージャーがＩＢＭの信条を健全に踏まえているとしても、仕事上の重圧からそれを曲げてしまう可能性はつねに存在する。これは自然なことで、担当事業の収益性で評価されるマネージャーにとってはとりわけそうだと思う。実際に、マネージャーが従業員に与える重圧が、個人を尊重するという会社の信条を侵害しはじめるのはどのような場面だろうか。

一九五六年に私たちは会社組織を再編して事業部に分割し、各事業部の業績指標として利益を重視しはじめた。そのときから、経営陣のトップがつねに注意しつづけないと、一部の事業部長が利益指向を強めるあまり、会社の信条から逸脱しかねないことをまざまざと知るようになった。

あるケースでは、カスタマーエンジニアの担当範囲が多くの機器設置先に広がり、手薄になったことがあった。利益面ではよかったが、オーバーワークになったカスタマーエンジニアの意欲が衰えはじめた。私たちのサービスについての高い基準は明らかに危機に瀕していた。個人の尊重と顧客へのサービスという、二つの信条が無視されていた。私たちは直ちに手薄な人員配置を是正し、同時にコストを増やさないための方法を検討した。

信条をいかに実践するか?

いくら信条が明快であっても、実践するのは必ずしもたやすいことではない。

例をあげると、何年ものあいだ、私たちの工場は一日の仕事量を適正にすること、賃金を適正にすること、出来高払いをしないこと、個人単位の一日のノルマを設けないことなどを方針にして操業してきた。こうした実践は非常に強い活力を、それが会社に必要であった時期——士気が形成された創業期——にもたらした。しかしその後、不正が忍び寄った。私が初めてその気配を察知したのは、ポーキプシー工場の若い社員がオープンドアを活用して訪ねてきて、自分が不当に解雇されたと言ったときのことである。

彼は、自分は部門内で最高水準の生産性をあげているのに、賃金は最低水準であると上司に不満を訴えた。しかし、上司が満足のいく回答をくれなかったので、工場長のところへ行った。工場長は話を聴いたうえでこう答えた。

「君はこの工場の経営陣にまったく信頼を置いていないように見えるが」

「そう、まったく信用してないね」と若い社員は答えた。

工場長はその場で彼をクビにした。

私がこの状況をよく調べてみると、この若い社員の不満は正当なものであることがわかった。さらに、おそらく他の社員にも同様のことがあった。「一日の適正な仕事量」の内容はマネージャーによって解釈が異なる。生産性の低い社員の賃金が最高レベルにまで昇給し、その主な理由がその社員の態度と容姿であったというケースもある。逆に生産性の高い社員が最低レベルの賃金しかもらっていないというケースもある。明らかに不公平であった。社員の士気向上のために導入した施策が、中間管理職によって歪曲されて、現場では士気を低下させていたのだ。

そのころ、私たちはますます激化する競争に巻き込まれていて、生産性を高めてコストを削る必要に迫られていた。そのため管理職に対して業績を測るための基準値を示さざるをえず、業績を測る新たな手法を導入しはじめた。当時はまだ緩やかなインフレ期だったので、生産性の低い社員の賃上げ率を低めにしつつ、生産性の高い社員の賃上げ率を高めて、不釣合いになっていた生産性と賃金の関係を修正した。

ＩＢＭは伝統的に作業能率研究のようなものには反対していたので、このようなプロセスを一部に導入すると決めても、やり方を変えるにあたっては慎重に計画を立てなければならなかった。首尾よく事が運んだ事業部と工場もあったが、それ以外では想像力の乏しいマネージャーが「今度から厳しい制度になるからね。従う気がないならやめてもらいたい」という態度をとった。私のところには、工場の従業員からの不満を訴える手紙とオープンドアの訪問者が増えはじめた。

これらの訴えの多くは正当なものであった。というのも、社員が閉口していた事例が多かったからである。これらの問題を経験して、私たちは一部のマネージャーと従業員のことがよくわかるようになった。そして必要な部分についてはプレッシャーを緩めた。

公正な処遇に配慮する

問題は今でも決して全面的に解決したわけではないが、私たちは、ほとんどの社員が以前より生産的な雰囲気の下で働いていると感じている。士気が向上し、そのおかげでコスト削減に伴う苦痛を減らせるようになった。

この失敗は先のカスタマーエンジニアのケースと同じものだ。一部のマネージャーが仕事への熱意から人間関係を踏みにじってしまうのを許してしまった。この手の新制度はきちんと説明さえすれば、めったにトラブルを招かない。トラブルになるのはたいてい、十分に説明をしないまま、あるいは考え方を伝えようとしないまま進めようとするときである。

仕事量の測り方の問題では、私たちは古臭いやり方でやってきたと言えるかもしれないが、給与体系についていては一九五八年に先進的なやり方で成果をあげた。その年、時間給を廃止し、ＩＢＭの社員全員の給与体系を一元化した。この改革によって、ブルーカラーとホワイトカラーの区別がまったくなくなった。これは第二次世界大戦後の人事制度の革新のなかで社員に最も影響のあったものだと私は思う。

公正な処遇の問題について言うと、営業現場で働く社員の人事異動に関して学んだ教訓を思い出す。営業所が二〇〇カ所近くあり、会社が急速に成長したこともあって、一定量の異動はやむをえなかった。しかし社員が、ＩＢＭの意味は「I've Been Moved」(「異動させられた」という意味)だと皮肉を言いはじめたので、私たちは素直に異動に関する業務の実態を調査した。

異動は従業員のために行われるというより、会社の都合で行われることが多いという実態が判明した。その結果、新たな要件が設けられることになった。そのルールの一つは、個別の人事発令で異動を命じられる場合には、その社員の責任と給料をアップさせることを義務づけたものであった。この改革の結果、異動は減少した。異動させられる社員に対して公平を期するために、異動に伴う引っ越しなどの費用の自腹負担が極力小さくなるよう新たな制度を導入した。

「小さな会社にいる意識」を維持する

いい人間関係があるところには、つねにコミュニケーションがとても重要な役割を果たしている。社員は指示して動かすことができるけれども、社員が最もよく応えるのは自分たちが何をすべきで、それはなぜなのかを理解しているときである。理解していないかぎりは意欲を持つ確かな基盤がない。経営者は社員の納得が得られるよう努めなくてはならないと思う。

私たちはこの分野で多くの問題を抱えてきた。一九四六年から六二年のあいだに、IBMの社員は全世界で一〇万人以上増えた。私たちはかつてない規模に拡大した。

成長に伴って管理職が何千人も増えた。数を抑えようと努力したが、組織階層が相当増えていた。管理職に対して、どうすれば会社の伝統と信条についての実感を抱かせ、それが活かされる状態に保つことができるかという問題に向き合わないわけにはいかなかった。

●元来さまざまな関心を持つ管理職層を、どうすれば一体に保つことができるか
●現場の社員とその上の事業部長や社長あるいは会長との距離を、どうすれば短くできるか
●会社の成長期に非常に重要だった「小さな会社にいる意識」を、どうすれば維持できるか

この「小さな会社にいる意識」という言葉を私たちはよく使い、あらゆる方法でこれを奨励している。社員がお互いに理解しあっており、お互いに抱えている問題や抱いている目標のことを多少はわかっている、と感じることを望んでいる。また、

社員が経営者といつでも接触できるという感覚、言い換えれば、組織の末端にいても会社が何をしているのかをわかっていられるという感覚を抱いてもらいたい。

経営情報をきちんと伝える

今日のIBMの経営組織には、現場の社員と社長あるいは会長のあいだに八つの管理階層がある。営業担当者の上には七階層ある。これは多すぎると思うが、努力して抑えた結果である。さらに、距離感を縮められるようにいくつもの手を打っている。

いくつかは従来からあるものだ。たとえば質問に回答する制度があり、一カ月に三〇〇〇ほどの問合せや苦情が寄せられるが、容赦のないものがほとんどだ。提案を表彰する制度もあって、これには一年に一〇万件以上の応募が寄せられる。従業員による評価を毎年行い、社員意識調査を頻繁に行う。また、工場、事業部、会社単位の社内広報誌が一八種類ある。

そのほかに、ちょっと変わったものもある。たとえば、「マネジメント・ブリーフィング（経営短信）」という広報誌がある。二、三年前に一部の管理職を調査したところ、情報がよく伝わっているというには程遠い状況にあることが発覚した。現在、「マネジメント・ブリーフィング」誌は一万人以上の管理職に定期的に届けられているが、送り先の半数以上は、他社では職場リーダーなどと呼ばれるクラスである。

「マネジメント・ブリーフィング」は管理職に、会社の発表事項や事業活動についての背景情報を提供している。会社の方針の背景にある理由を解説したり、同じ失敗を繰り返さないよう役立てるために、実際の経営上の事例研究――あるいは教訓――を載せたりする。

とくに重要な問題についての幹部に対するコミュニケーション手段として、三年前から「プレジデンツ・レターズ（社長書簡）」を発行しはじめた。現在「エグゼクティブ・レターズ（幹部書簡）」と呼ばれているものだ。平均すると月一回未満のペースで発行しているが、これを用いるのは、ＩＢＭの基本政策についての説明が必要だと感じるときだ。

革新的な社内コミュニケーションを築く

最も独特な慣習の一つに「ＩＢＭ家族食事会」がある。少なくとも一年に一度は、国内のすべての事業所ごとに、社員は夫や妻と連れ立って会社の役員と会食をする催しに誘われ、そこで会社の状況を知ることができる。出席する役員は、会社が過去一年間に行ってきたことについて三〇分ほどのレポート映像を見せて説明する。こういった家族食事会は、幹部に緊張感を与えるだけでなく、社員と個人的に親しくなる機会にもなっているし、また「小さな会社にいる意識」を保つのにも役立っている。

私たちはまた、社員が昇進したときや仕事で大きな成果をあげたときに、お祝いの手紙を記す。社員が病気になったときや家族に不幸があったときには、お見舞いやお悔やみを手紙で伝える。

重大な発表があるときには、私は社内放送を用いて行う。国内の従業員全員に対しては頻繁にこの方法を用いる。こういった重大な発表を私から直接聞くことは、彼らにとって単に知らされるよりも意味があると思っている。それでも年に一、二回を超えることは滅多になく、ほとんどの社員にとって個人的に影響する事柄のために大切にとっておいてある。

クビを覚悟で新しいことに取り組む

これら通常のコミュニケーション問題とは別に、経営陣と社員が十分に理解しあえるように特別な努力を注いでいる分野がある。それはビジネス倫理全体と独占禁止法の遵守——とくにその同意審決の遵守——である。

一〇年ほど前、ＩＢＭで胡散臭い購買のやり方が行われていることがわかり、私たちはかなり動揺した。もちろん社外の出来事としては以前から耳にしていたものの、うちの会社にかぎって、と考えていたのだ。私たちは即座に動いて問題を正した。

しかしこの事件をきっかけに、人間は結局人間でしかなく、ＩＢＭに入社したからといって魔法の防護服を身に着けたことにはならないことに気づいた。会社を倫理的で清廉に保つことは経営トップ層の責任であり、決して成り行き任せにしてはいけない。

私たちは多くの革新的な社内コミュニケーションの手法を導入してきたが、そこで得た最も大切な教訓は、トップダウンと同じくらいボトムアップのコミュニケーションのパイプをいくつも活用しなくてはならないということである。コミュニケーションルートが複数並行するのは不必要なことに思えるかもしれない。しかし、ルートが一本しかないと、あまりうまくいかないことを私たちは学んだ。それにある種の情報はルートが複数あるほうがよく伝わること、従業員みんなが一つのやり方にうまく対応してくれるわけではないことも学んだ。経営陣はコミュニケーション手段として幅広い選択肢を用意しておかなくてはならない。さらに、おそらくもっと大切なことは、従業員が自分の声を経営陣に伝えるための手段をいくつも持っているようにしなくてはならないことだ。

ただ、この意識とコミュニケーションの問題全体を締めくくる前に、実は一つ気がかりなことがある。それは、今の若い中間管理職の人たちによく見られる慎重な態度のことだ。彼らは自ら危険を冒したり、直感に賭けたりしたがらないように映る。

これは、必ずしも彼らに度胸が足りないということではない。ただ、ときに決まったやり方に則ることが経営トップの地位に就く最短ルートだと勘違いしてしまう。私は少し焚きつけて、彼らの意思決定が少しばかり無茶をするように煽りたいと思っている。チャンスをつかもうと誰かがクビを覚悟で新しいことに取り組んできたときにしか、ＩＢＭは前進してこなかったからだ。

5

成長と変化から、何を学ぶか？

先に述べたように、私たちが今に至るまで経験しつつある技術の大変化は、会社をひっくり返すような影響をもたらしてきた。これらの変革はＩＢＭの社員に非常に高い適応力と柔軟性を要求してきた。

会社は、技術環境の変化に応じて幾何級数的に増える社内の教育・訓練に本気で取り組む態勢ができていなくてはならない。

一九六二年の下院議会で連邦政府は再訓練プログラムに広範な責任を引き受けた。このプログラムはとくに失業者をターゲットにしたものである。おそらく手遅れではあるが、建設的な取り組みだった。

しかし、社員の再訓練に責任を負っている企業自身の責任を少しも軽減するものではない。社員に求める職能要件が変わるときに、新たな職能の訓練をするのは会社の仕事である。多くの優良企業はすでにそうしている。していない企業はそうすべきだ。自分の会社で社員を再訓練する代わりに、政府の再訓練プログラムを利用するのは経営者としてまちがっているだろう。

教育と再訓練を重視する

ＩＢＭの製造工程は、電気機械の組み立てから電子製品の組み立てへと劇的に変化してきた。この変化はすごいスピードで起こり、私たちの仕事のほとんどすべてにおよんだ。

ニューヨーク州ポーキプシーにある工場がいい例である。戦時中はそこで兵器を製造していたが、その後、主としてタイプライターやパンチカード式の計算装置といった電気機械装置の製造に転換した。その後コンピュータの時代になり、最初は真空管、のちにはトランジスタといった電子製品にシフトしなければならなかった。転換するたびに、製造や自動組み立ての工程に次々と新たな問題が発生した。結局、約六〇〇〇人の社員が直接的な影響を受けたが、生産に携わる工員ばかりでなく管理職層も影響を受けた。

この仕事はまだ終わっていないし、まずまちがいなく永遠に終わらないだろう。ある世代のコンピュータが量産ラインに乗るころには、研究所で次世代製品が形になりはじめているからだ。ＩＢＭの部門のなかには、所属する社員の四分の一が同時に再訓練を受けていることもありうる。

教育と再訓練に対する真剣な取り組みは、営業系の部門でも他の部門と同じくらい大きい。営業担当者にとっては、仕事すなわち学習というのが日常になっている。サービス部門でも、カスタマーエンジニアはつねに最新の知識を得て、新たな技能を身につけなければならない。

経営の独善病を防ぐ

技術の変化によって教育・訓練分野以上に多大な適応力と柔軟性を求められるのは、大組織の経営面である。経営陣がつねに警戒していなければ、独善に陥ってしまいかねない。これこそビジネスにおける最も油断ならない危険の一つである。たいていの場合、手遅れになる前に独善病にかかっているのに気づくことすら難しい。とくにトップに登りつめた企業がこの病にかかりやすい。自分たちの判断がまちがっていないと信じるようになるからだ。

戦後間もないころ、私たちは一時期この病にかかった。私たちの業界の歴史を通じて一つの発明としては最も重大なものにあげられるコンピュータの導入に関わることだった。一九四〇年代の後半には、大規模な工学計算の多くや会計業務のかなり多くは、当時利用できた計算装置のスピードの遅さがボトルネックになっていた。

そのころ、ペンシルバニア大学のムーア電子工学スクールにいた、J・プレスパー・エッカートとジョン・W・モークリー博士は、海軍用に弾道計算をするための「エニアック」という巨大なコンピュータを作っていた。私を含め業界の多くの人たちは、この機械を見たけれども、だれもその可能性を予測できなかった。エッカートとモークリーが教職を離れてエニアックの民生用版を作りはじめてからでさえ、その可能性に気づいた者はほとんどいなかった。

彼らの会社は一九五〇年にレミントン・ランド社に吸収合併されたが、その翌年には「ユニバック」の第一号機が統計局に納入され、IBMの機械がいくつか置き換えられてしまった。

この間ずっと、IBMは自分たちの事業全体が大転換期の入口に直面している事実を見落としていた。私たちが最初にパンチカード式の電子的なしくみで動く計算機を発売したのは一九四六年だった。当時から、電子的なしくみで行う計算は非常に速いために、機械仕掛けで次のカードを一枚送り込むまでにかかる時間の九割が余っていることは十分認識していた。それにもかかわらず、私たちはデータをもっと速く読み込めば、計算速度を九倍にアップできるという明白な結論に飛びつかなかったのだ。

レミントン・ランドはまさにそこに気づいて、ユニバックでレースを独走した。

統計局の仕事を奪われたのは致命的だった。私たちは行動しはじめた。最も優秀な幹部のなかから、できると評判の男を選び、ＩＢＭ製の大型コンピュータを売り出すことに関わるすべての業務の責任者に任命した。設計と開発からマーケティングとサービス提供まですべての業務である。彼は非常にうまくやったので短期間にこの事業は軌道に乗った。

どうやってこれほど速く追いついたのだろうか？

まず一つは、資金が十分にあったので、技術開発、調査研究、生産のコスト負担が可能だった。

二つめには、市場のことをよくわかっている営業部隊がいたおかげで、顧客ニーズにきわめてフィットした装置を作ることができた。

三つめは、最も重要な点だが、私たちの会社は社員の士気が高かった。誰もがこの事態は業界リーダーの地位が脅かされているのだとわかっていた。私たちは総力をあげて対応しなくてはならなかった。そして見事にやってのけた。

権限を委譲する

一九五六年までには、一連の技術変化に合わせて迅速に動くために、私たちの会社には新たな組織コンセプトが必要になっていた。

一九五〇年代の半ばまで、会社は本質的に一人の人間、T・J・ワトソン（父）の手で経営されていた。彼のまわりにはすばらしいスタッフチームがいたけれども、意思決定を行うのは彼自身だった。仮に当時のIBMに組織図があったなら、驚くほどの数の線――おそらく全部で三〇本もの線が、彼のところに向けて引いてあっただろう。

一九五〇年代の初めの経済成長と朝鮮戦争による需要増に応えるためには、IBMのすべての階層がこれまで以上に素早い対応をすることが求められたため、当時の一元統制型の組織では対応しきれなくなった。コンピュータに関して犯したような二、三の失敗は言うまでもなく、それ以外でも顧客からの要求が強まったので、私たちは大幅に権限委譲をした新しい組織にすることを決断した。

この決定はすぐさま実行に移された。数カ月の計画策定期間を経て一九五六年の年末ごろには、私たちは一〇〇名前後の経営幹部をバージニア州のウィリアムズバーグに集めて、三日間の集会を行った。その幹部集会を迎えるまでは頭でっかちの一本統制型組織であったが、終わったときには権限分散型の組織に変わっていた。

今日、ＩＢＭには事業部が八つと独立した運営を行っている一〇〇％子会社が二つある。いずれもかなりの程度まで独立性を持っている。各事業を監督し、長期計画と重要な決定事項をチェックするのは全社経営委員会で、これは会長、社長と六名の上級経営幹部で構成されている。この委員会と各事業部門に対して助言するために、製造、技術、人事、財務、コミュニケーション、法務、マーケティングといった分野の専門家である全社スタッフがいる。

私たちは割とふつうのやり方で、ふつうの理由にもとづいて権限委譲を行った。つまり、会社の事業を経営しやすい規模に分割し、意思決定が確実にしかるべきときに、しかるべき部署で行われるようにした。

部門よりも会社全体を考える

しかし、ある意味で私たちの会社は、ほとんどの会社とはかなり異なっていた。ＩＢＭの事業は教科書に書かれているようにうまく権限委譲できるタイプのものではない。多くの巨大企業のように、まったく無関係か、少ししか関係がない事業の集合体ではない。私たちの事業は一つであり、そのほとんどは一つの使命に集約される。

私たちの仕事、すなわちＩＢＭの各事業部門の仕事は、顧客がデータ加工システムや他の情報処理装置を利用するなかで発生する問題を解決するお手伝いをすることである。会社の製品ラインアップはすべて相互に深い関連性がある。どこの事業部門であれ、重要な技術上の変更や営業上の判断はすべて、他の事業部門に直接的な影響をおよぼすことが避けられない。

このことは、現場まで含めてつねに行われている意思決定が二つ以上の事業部門に影響がおよぶことを意味している。事業部門ごとに生じかねない何千もの細かい差異に対処するために、大がかりな全社的機構を設置する必要があると思う人もいるだろう。

以前はその必要がなかった。どの事業部門に所属しようとも、基本的に当社の管理職は全員が会社志向だからである。彼らは個別の事業部門のためではなく、IBMのために何がよいかを第一に考える。これは多くの管理職が事業部制の組織になるずっと前からIBMにいたおかげかもしれない。しかしそれ以外に、多くの上級幹部が給料以外に受けとる業績連動ボーナスが、一事業部門の業績ではなくIBM全体の業績を反映するしくみになっており、私たちは、このことが皆を一体に保つのに役立っていると思っている。

これは会社の信条に負うところも大きい。IBMの社員は、最高のサービスを提供することの必要性を十分に理解しているため、顧客にとってよいことというのが、どんな異論をも乗り越えることが多々ある。もちろん、社内に異なる意見がないと言っているわけではない。重要な意見の対立を解決するのは社長と全社経営委員会の責任であり、それは私の責任である。概して言うなら、これまではなんとかなっている。

あくまで信条を守る

先に述べたように、組織を再編したときには、社内にいる人数よりもはるかに多くの専門スタッフや専門家が急遽として必要になった。ほとんどの場合、私たちは単に誰かを任命することで専門家に「仕立て」た。失敗もしたけれども、全体的にはこの方法は結構うまくいった。思うに、その理由は、彼らのように若くて比較的経験の少ない幹部たちでも、当然のこととして三つのことをわかっていたからだ。

（1）自分が下す決定や自分がとる行動はすべて、社員にとって公正なものでなくてはならないこと。

（2）私たちの事業の主要な目的はサービス、すなわち、自分たちにとってどれほど多くの問題が発生しようとも、顧客の問題を解決するのが目的であること。

（3）すべての仕事に最高の努力を注がなければ何事も解決できないこと。

言い換えれば、彼らはＩＢＭの基本信条を理解していた。そのおかげで、慣れない職務に就くことができ、専門技能の不足を克服することができた。信条を強調したからといって専門技能の重要性を軽視するつもりはない。しかし、会社を事業部制に再編した時期を経て、当社の社員に会社を成功させることができた理由は、専門技能よりも、ＩＢＭの信条を植えつけられていたことのほうがはるかに大きかったのだとわかった。

変化と成長から学んだ五つの教訓

会社の沿革を振り返ると、どうしても長年のビジネスを通じて学んだことに思いがおよんでしまう。とくに戦後、ＩＢＭが技術の大変化と成長という二つの課題に直面していた時期を振り返ると、私たちはそこから大事な教訓を五つ得たといえる。どこの会社にもあてはまるというわけではないので、この五つの教訓がＩＢＭにとって大きな価値があったことだけ証言しておく。

（1）良好な人間関係とそれによってもたらされる士気の高さに代わるものは、何もない。利益目標を達成するために必要な業務を行うには良い社員がなくてはならない。ただし、良い社員がいればよいというものではない。どんなに良い社員であろうとも、もし社員が事業を本当に好きでなければ、もし社員が事業に全面的に関わっていると感じていなければ、あるいはもし社員が自分たちは公正に扱われていないと考えるならば、事業を軌道に乗せるのはおそろしく困難である。良好な人間関係について話をするのはたやすい。しかし、本当に学ぶべきことは、経営者は四六時中社員に関わらなくてはならないし、マネージャーたちも経営者と同じ姿勢で働いているようにする必要がある。

（2）会社組織が変化に伴う諸問題を乗り越えるためには、その成長率よりもはるかに大きな割合で増加させなくてはならないことが二つある。一つめはコミュニケーションで、トップダウンとボトムアップの両方だ。二つめは教育と再訓練である。

（3）独善的になることが、最も自然に気づかないうちに進む大企業病である。しかし、経営陣が健全な雰囲気作りをし、各種のコミュニケーション手段が機能している状態にあれば乗り越えることができる。

（4）ＩＢＭのような会社はとくにであるが、全社員が事業部や部門の利益よりも会社の利益を上位に考えなくてはならない。相互に依存している組織においては、一体となって努力することが絶対命令である。自分の利益を追うことよりも協力することが優先する。また、会社独特のやり方を理解していることのほうが専門的な能力があることよりも重要である。

（5）最後に最も重要な教訓。信条は、つねに方針や実践や目標より先になくてはならない。後者が、基礎となる信条を侵害していると思われるときには、いつでも改められなくてはならない。組織の唯一の聖域は、ビジネスをすることについての基本的な思想であるべきである。

イギリスの経済学者であるウォルター・バジョットは、かつて次のように記した。

「強い信条が強い人間を惹きつける。そして彼らをいっそう強くする」

私はこう付け加えたい。

「彼らが強くなるほど、彼らのいる組織も強くなる」

PART

2

THE BROADER PURPOSE

企業の社会的責任

6

公共の利益を考える

大企業の経営について私が学んだことを語るとき、国民生活にとって大企業の立場と責任であると私が信ずるようになったことに触れなければ、木を見て森を見ずということになるだろう。多くの企業経営者と同じように私も、企業が国民の一部という、より大きなレベルの役割をどうすれば最もうまく果たすことができるかについて、いくつか見解を抱くようになった。

企業は将来、国民の福祉という面から最も厳しく評価されるだろう。企業は技術革新と生産にどれほどの成功を収められるかを誇ってきたが、今、行わなければならないことは、国民の利益により高い優先順位を置いて企業の意思決定を行うことだと私には思える。

企業の責任を考える

企業活動全体を通じて公共の利益あるいは国民の利益を踏まえていることがつねに求められる状況は、経営者にとって比較的最近生じた要件である。歴史的に見ると、私たちはこれまでずっと社会のなかである程度自由に自己利益を追求することが結果的にみんなにとってベストの状態をもたらす、というしくみに依存することが可能だった。大企業の経営者は会社にとって最も良いと考えることを行う。競争相手の企業も自分たちにとって最も望ましいことを行う。労働者は自分の利益を追求し、農民も同じようにする。政府の省庁までもが独自の目的を作り出す。

これらの動きの相互作用を通して、米国の経済には驚くべきほどの牽制と均衡《チェック・アンド・バランス》のシステムが作り出された。結果としてこれらの動きはすべて互いに補完しあい、強化しあうのがふつうになっている。

とはいえ、このシステムは完璧ではない。例をあげると、今日、巨大企業あるいは業界と巨大な労働組合とのあいだで、業界と組合の両者にとっては利益になるものの、国全体には悪影響をおよぼすような協定を結ぶことが可能である。しかし、このシステムがうまく機能することを決して忘れてはならない。このシステムは機能し、生産活動を行う。世界の他のどんな経済システムよりも高い生産性を持つ。私たちの社会全体がこのシステムで生産活動を行っているおかげで、ほとんどすべての人々が恩恵を受けている。しかしながら私は、私たちの経済システムの基本的な健全さと価値の良さを信奉しているが、このシステムを調整する必要が永久にないだろうとまでは言っていない。状況が変われば、期待されるものも変わる。

つまり、私たちはこれまで経済システムを継続的に調整し、改善してきたし、今後もそうしつづけなくてはならないということである。現状維持に未来があったことなど一度もない。ビジネスにおいて現状維持は必然的に失敗を意味するが、国についても同じことが言えると思う。

それに、国民が社会に求めるものは年々変化してきている。ほんの数世代前の農耕社会では、市民が求めることは比較的控えめであった。しかし、その後、私たちの社会はいろいろな面で変化した。これらの変化に照らして、私たちの社会が成り立っている基本的な前提を改めて吟味し、今日の基準で満たされるべき社会のニーズが満たされているかどうかを確かめる必要がある。つまり、米国にいるすべての個人の機会について継続的にチェックしなければならないということである。

もちろん、米国が大企業、大きな政府、大きな労働組合という巨大な存在の時代にあることにより、個人の機会は功罪両面を伴いながらある程度変容している。そもそも巨大な組織自体、私たちの社会にとっては比較的新しい現象である。巨大な権力が集中すると、他の変化が何もなくても、企業経営者はより広範な公共の福祉についての自分たちの責任を考えなおす必要が出てくる。

企業活動と市民の利益のバランスを考える

政府と産業界と労働者の関係に、第四の力として市民の力がますます大きく食い込んできているように見える。経済のなかのどの部分であれ関心を持っている人なら、市民ないしは国民の利益という立場の影響力が高まっていることに気づいているだろう。究極的には私たち企業にはその責任がある。私たちはこれを受け入れて初めて存在できる。私たちは法律に縛られている。自分たち自身の利益のための計画を立てるときに、企業は市民社会と社会を構成する何百万人という個人の要求を踏まえておかなくてはならない。

言いたいことは次のようなものである。米国社会を構成するいくつかの主要なセクターは、自ら進んで連携しあって動く方法を学ぶ必要があるだろう。それぞれがそれぞれの利益を公共の利益に調和させなくてはならない。さもなければ、協力を強いる法律が作られるか、国内が分裂状態になって米国が世界のなかでの地位を保ちにくくなるという、いずれも望ましくない選択に陥る危険がある。

言い換えれば、私たちは二つの側面で思考することを学ばなくてはならないだろう。一つめの側面は、経営者や労働組合の指導者あるいは政府の役人としての特定の立場。二つめは、特定の利益ではなく国民全体の幸福につくす義務を負った市民の立場という側面である。

当然のことながら、経営者の立場はビジネス指向で、政府の役人は政府指向、労働組合の指導者は労働者指向である。みな自分の組織構成員のために仕事をしなければ解任されてしまう。しかし、公共のニーズにも配慮したうえで成功を収めることもできる、と私は申しあげたい。

この提案が「言うは易く行うは難し」であることは私が一番に認めざるをえないだろう。大企業の経営における健全なビジネス活動と国民の利益にとって良いこととのバランスを適切にとるにはどうすればよいかという問いは、今も最も重要な懸案の一つである。今後私たちは、このジレンマにますます何度も直面することになるだろう。

富める国と貧しい国のギャップを埋める

大企業の経営者は、会社と株主の利益のために経営しながら、より広範な米国の利益と矛盾しないでいるためにどうすればよいのだろう。大企業の経営者はいかなる方針をとる決心をしたにせよ、自分がビジネス上の意思決定の自由を保って行動したことにどうすれば確信が持てるのだろう。

国民の利益のために自制するという考え方が、そもそも複雑な企業の意思決定という仕事に新たな問題を加えるのはまちがいない。これらの問いは、どこの経営者でも直面せざるをえなかったものと同じくらい難しい問題だが、私たちの時代に至っては、はるかに難しくなった。

極限レベルの創造性と想像力と大胆さが求められている時代だというのに、経営者が伝統的なやり方に戻ることが多すぎるのではないか。共産主義者とは通常のビジネスベースの取引ができない。自由主義社会は生き残ることができるが、昔からの原則が維持されるとは限らない。米国には新たな環境に適した新たな姿勢と新たな行動が必要だと私は思っている。

協調的な取り組みに力を注がなくてはならない状況に変化したのは、共産主義の脅威の増大だけではない。確かにそれも危機的ではある。

ソビエトという大国の成長に伴って、私たちは日本や西ヨーロッパの経済復興と、とくに「共通市場」地域を中心とした市場同盟の形成に適応するよう体制を改めなくてはならない。低開発地域における、いわゆる「膨張する期待の革命」にも直面している。私たちはもはや自分たちの都合で国民経済を成長させることはできないのである。

こうした外部からの圧力を受けて必然的に米国の経済成長は速くなり、その結果、敵対国からも敬意を集め、友好国からの信頼を得、低開発国からの期待を受けるのである。

私たちは世界の勢力のなかで競争している。世界の貿易のなかで競争している。自分たちの資源を分け与えて、富める国々と貧しい国々のギャップを埋めるのに役立つことを求められている。これらすべての活動が私たち米国民の利益に不可欠になったのである。

株主、従業員、国の利益を考える

国内的には、継続的にかかる防衛費用を確保しつつ、社会福祉も怠るわけにはいかない。どうすれば毎年一五〇万人もの雇用を創出できるだろう？　必要なレベルの教育やすべての人のための十分な医療をどうすれば提供できるだろう？　これらの問題もまた、国民の利益に直接関係している。

加えて、これらの国内的な課題は米国で起こった人口増大によって複雑になってしまった。失業手当や老後の社会保障のようなものは、純粋に個人に委ねるべき問題だと主張する人々もいる。しかし、すでに人口一億八七〇〇万人で、一九八〇年までには二億六〇〇〇万人にもなろうという国で、そういう見方にどれほどの現実性があるのか？　これほど巨大な国でも、人口のたった五％の人々が困窮に陥ることはありうる。しかし、今日の五％というのは九〇〇万人である。疑いなく、九〇〇万人の窮状に背を向けることのできる国はない。九〇〇万人の幸福は国民全体の幸福にとって不可欠なのである。

国外の圧力から生じる課題と国内の圧力から生じる課題のすべてを考慮すると、私たちの社会が向き合う諸問題がいかに初めてのもので、いかに大きなものかがわかるだろう。私の考えでは、私たちはより良い仕事の仕方を探さなくてはならなくなる。

まず手始めに、ビジネス上の計画が、株主にとって望ましいのと同じくらい従業員にとっても望ましいかどうか——さらにこの両者と同様に国にとっても望ましいかどうか——を、私たちはもう少し真剣に自問しなくてはならないだろう。

信条を守って変化に適応する

ここまで私は、企業組織には、共通かつ一貫した方向感覚をもたらすような原則あるいは信条が必要であることを明らかにしようとしてきた。環境が変われば組織はその信条の趣旨の範囲内で変化に適応する方法を学ばなくてはならない。きっと同じことが社会全体にも当てはまると思う。

私たちの国民信条はさまざまな形で現れる。「独立宣言」のような文書であったり、伝統や法律、前例などであったりする。これらが永らえるのは、私たち国民がそれを大切にしつづけるからである。米国を進歩させる力のかなりの部分は、これらの信条から生まれるのだと思う。私たちは以下のことを信奉する。

●政治上、宗教上の自由、および責任を持ってこれらの自由を行使する必要があること。
●人間のための法による統治と環境の変化に合わせて法を改正できること。
●社会が存在するのは、個人が自ら、知的な面、精神的な面、物質的な面でより良くなるのに役立つためであること。
●機会の平等に価値を置き、人々が自らを助けることに援助の手を差し伸べるべきであること。
●最後に、企業活動の自由。機会の平等と同じく、誰もが最小限の干渉や制約の下で、自分のためにできる最大限のことを実行する機会を得るべきであること。

このうち最後の信条はどこかに置いてきた、もはやそんな信条を本気で信じているのは事業家ぐらいなものだ、と言う人がいるかもしれない。私はそうは思わない。とはいえ、大部分の米国人が勤め人として働いており、そのことについて一〇〇年前とは少し違った捉え方をするようになったことには同意する。

システムの弊害を取り除く

一八九〇年代には自作農場に多くの政府保有地があった。すべての経済的、社会的レベルで起業家になる方途がたくさんあり、何百万人もがその道を選んだ。今日の米国はまったく違っていて、一〇人中八人が人に雇われて働く。何千人もの工場労働者が、誰にもコントロールしきれない経営環境の変化の結果、突然クビになることがある。

大多数の米国人は、高度に組織化された今日の経済活動において自分たちがとても弱い立場にいると感じるので、自由主義経済は雇用や公正な賃金、人間的な労働環境、老後の社会保障といったことに対する自分たちの権利を保障するかたちで運用されなくてはならないと主張する。そして、自由主義経済がこれらの要求と衝突すると感じたときには、権利を守るべく団結する。

だからといって、彼らが自由主義経済に対する信頼を失ってしまったわけではない。

自由主義経済はそういった要求と両立するように運用されなくてはならないと、彼らが信じていることの表れにすぎない。

このような社会においては、窮状にある人々の問題の一部を手助けするために政府が介入しなくてはならない場合があることを、かなり嫌々ながらでも認めざるをえないと思う。そうしたところで、米国人の自立精神に対する信頼の伝統を放棄したことにはならない。時代の変化によって、変化した状況が自立精神の能力を超えることもあると認めたと捉えるべきである。そしてこれらの変化こそ、私たちのダイナミックな社会システムの特徴である。

自立精神はすべてのニーズに対する万能薬にはなりえない。私たちの社会のように巨大で、個々人のコントロールがほとんどおよばないような大きな動きに人々が呑み込まれかねない社会においてはとりわけ万能薬にはなりえない。倹約は不可欠な美徳であるが、倹約では切り抜けられないようなふつうでない問題を、ごくふつうの家族が抱えることもある。

自由市場システムが生き残るためには、システムそのものを損なうことなく、その弊害を抑える施策で米国民を支援することが必要だと私は思う。もし多数の人々が自分たちは丸っきりこのシステムの犠牲になっているとか、循環的な景気低迷局面に入るたびにいつも見捨てられるものだと感じるようになったら、本来システムに寄せられるべき信頼を彼らが抱くことは望めない。

公共のニーズに対して先見の明を持つ

政府の多少の介入の必要を認めたうえでも、これらの人間的なニーズに応えるための政府活動の限度はどの程度が適正かという疑問に答えるのは誰にとっても難しい。政府が大きくなりすぎて経済システムの重荷になり、経済成長率を低下させることになるのはどの水準からか？　また社会福祉施策が個人の自主性に影響をおよぼし、人々が意欲を失う原因になりはじめるのはどの水準からか？

いずれも明確な答は存在しない。自由主義社会においては、この種の問題は指導者層と民意の綱引きのなかで答が出される。

経営者は当然のことながら民意に影響力のある指導者である。だからこそ経営者は自分たちの事業の運営に関わる問題と同様に、広く公共のニーズに関わる問題に対して偏見を持たず、先見の明を持つことが重要なのである。

確かに平均的な人が主張するレベルの権利と保障を実現しようとすると、経営者に完全な活動の自由がある状態に比べて経営能力は多少低下するだろう。そのせいで、こうした主張を無視したり拒否したりする経営者が出てくる。そして彼らは自分たちの考えを正当化するために、こうした権利や保障を認めたり与えたりすると自由主義経済のシステム全体が危機にさらされるだろうと主張する。

こういう主張は、経営者が避けようとしているまさにその種の政府の介入に門戸を開いているようなものだと私には思える。というのも、もしも私たち経営者が、自由主義経済においては経営者は一般の人々が高い価値を置いていることに無関心でかまわないのだと言い張るならば、人々はほぼまちがいなく自由主義経済の自由が行き過ぎであると見なすようになるだろう。

そして人々には投票する権利があるのだから、自分たちの利益に適うように自由主義経済に制限をつける運動を起こすにちがいない。しかし、それは自由主義経済に反対しているからではなく、自由主義経済システムの下で与えられていると信じている権利を獲得しようとしたり擁護したりするためである。

権力を濫用しない

ビジネスに対する制約というものは歴史的に見て、誰かが事業家を生きにくくしてやろうとしたことから生じたわけではないことは確かだ。制約が生まれた原因はほとんどすべての場合、企業経営者が自己利益を強調しすぎたために、一般の人々とその代表である議員たちに不快で受け入れがたい行為だと受けとられたからである。

何世紀ものあいだ、事業家は格好の叩かれ役であった。理由は単純である。事業家は富を手に入れ、富で権力を手にする。しかし今世紀に至るまで、その権力の大部分をほぼ自分の利益のためだけに利用してきたからである。

権力が濫用されてきた歴史はあるが、ビジネスはつねに世界を前進させる強い動力の一つであった。米国の企業の業績は私たち全員が誇れるものの一つである。他のどんなグループよりも、私たち経営者はこの国を大国にするのに貢献してきた。そして他のどんなグループよりも米国社会に存在するすばらしい機会を提供するのに役立ってきた。そればかりか米国の産業は、一つの勢力としては他のどれよりも今日の危難を解決する力を秘めていると私は信じている。

こうした数多くの業績にもかかわらず、好むと好まざるとにかかわらず、私たちはいまだにビジネスについて入り混じった幻想を抱いている。私たちはみな、南北戦争後の半世紀における大企業のしたい放題の活動のことをよく覚えている。

興味深いことに、こうした行き過ぎが手に負えなくなると市民の反発が始まった。一八八八年、すべての政党が一致団結して企業活動に対する連邦の規制を要求した。二年後、独占禁止法（シャーマン法）ができた。当初はほとんど適用されることがなかったが、「企業活動は既存の法律だけでなく、国民の許容の範疇に従わなくてはならない」という有効な定理を確立した。合法であっても、国民がまちがっているとか濫用だと見なすことを企業が行うならば、国民は企業が従わざるをえない新たな法律を要求する権限を有する。

この定理は一九〇〇年代の初期とその後にわたって何度も正しさが確かめられた。いくつもの法律を通じて下院議会は、企業活動は国民の許容範囲内で行うという原則と、企業活動の自由は、政府が国民の利益と見なすものを侵害する資格を企業に与えるものではないという原則を支持した。

すべての人々が公平な分配にあずかれるようにする

私自身の会社は一九五二年に独占禁止法による分割の対象となり、現在も同意審決［有罪とは認めないが裁判所の判決に従うことに同意する、訴訟の解決法］にもとづいて経営されている。しかしこのことは決して政府を批判する立場になる理由には思えない。実際、私はこの法律は望ましい方向への力であると信じており、ＩＢＭは同意審決に関して争っていないと何度も言ってきた。

一九三〇年代になって大恐慌が始まるとともに、この構図に新たな懸念が加わった。

国民は企業活動を過剰とみて怒るだけでなく、老後の保障、失業手当、適正な時間当たり賃金などを提供できていないシステムを批判した。状況が変わった当時、国民はこれらがすべて自分たちの権利だと思うようになったのである。したがって彼らは新たな信念に照らして権利を主張し、まったく新しいタイプの社会福祉関連の立法を要求し、実現した。

私たちはここからも教訓を得るべきであった。人々が社会の改善や正義を主張しているときには、自由主義経済システムに手を出しかねないことに対して警告の声をあげたところで、それを思いとどまらせることはできないのだ。彼らは自由主義経済システムを、時代とともに変わらざるをえない一つの制度と見ていた。そして人々のニーズが大きくなるにつれ、あるいは欲求や野望が膨らむにつれ、彼らは新たな法律や施策を求めたが、自由主義経済システムにはそのコスト負担に耐えられるだけの力があると見込んでいたのである。

私たちがつねに忘れてはならないのは、国や経済システムは国民の利益のために存在することである。もし経済システムが国民の高まる期待水準に応えられなくなると、彼らは運動を起こして修正や改革をするだろう。企業経済システムに対する信頼を維持し、国を強くする支援をするために、私たちにできる最善のことは、このシステムをうまく機能させ、すべての人々が公平な分配にあずかれるようにすることである。国民を抑えつけては、良い市民社会も強い国も築くことはできない。国民が自らの目標を高め、それを達成する支援をすることによってこそ築けるものであろう。

7

新たな問題に、新たな方法で取り組む

私たちはみな、特別な権限を持つものは、特別な責任を負わなくてはならないことを知っている。ビジネス上の決定をするとき、どうすれば公共の利益に対して適切な配慮ができるかを自問するにあたって、米国企業の経営幹部たちの姿勢と活動を検討してみよう。

ビジネスの優れた手法を活かす

私たちのような大きな会社の経営者が、自分たちの事業所や工場よりはるかに広い範囲におよぶ影響力を持っていることは否定のしようがない。彼らは地域社会や州、国に対して大きな影響力を行使する。彼らが行使すべきでない理由など、どこにもない。彼らは、デュポン社のクロフォード・グリーンウォルトが言う「たぐいまれな人間」であることを示してきたからである。

それでも、社会福祉分野の国内施策に関わる法案と聞くと、とたんに頑なな態度になり、ほとんど自動応答のような決まりきった立場をとる経営者があまりにも多い。

その施策にお金がかかるなら、反対する。

それによって政府が大きくなるなら、反対する。

対立する政党が提案したものなら、まちがいなく良くないと考える。

こういった反応は、尊敬を集めたいと望むのであれば、指導者の立場にある人々にはほとんど許されない。もし私たちがこの種の論点が出てくるたびに事実を重視せずワンパターンな態度をとるかぎり、特別な責任にふさわしい人生はおそらく永久に送れない。もしも米国民が私たち経営者はいつも決まって「反対」を訴えるものと思うようになるならば、彼らは私たちを敵対視するだけでなく、私たちの意見に敬意を抱かなくなるだろう。意見が聞き入れられなくなると、私たち経営者は米国における指導的な立場を失う。

これらの問題に対して頑固な態度をとることが、国にとって悪いだけでなくビジネスにとっても同じくらい悪いということにそろそろ気づくべきである。私たちがあらゆるタイプの社会福祉政策にずっと反対しているように見られるなら、企業活動システムを擁護する主張に対して米国民の反応が鈍いように思えても、そのことをほとんど責めるわけにはいかない。

私たちは企業経営にあたって、明らかにそんなふうに視野の狭い取り組み方をしない。問題を吟味し、何をすべきかを自問し、複数の代替案を作り、コストを再検討し、最後に何をするかの意思決定を下す。

これと同様のやり方で国の問題や立法に対処することが、ビジネスでも国でも建設的な手法になるはずだ。まず状況をよく検討し、実際に問題は存在するのか、問題はどれほど深刻なのかを確かめることから始める。次に提案されている解決策が適切かどうかを検討する。適切だと思えないときでも、直ちにその施策ごと却下してしまわずに、代替策を探そう。そして、自分たちが問題を認識していることと、それをなんとかする手段を探していることを国民に示そう。

企業であろうと国家であろうと、合理的な対処方法のもとで、ある具体的な提案が不適切だという結論に達したら、はるかに強固な根拠にもとづいてその提案に反対することができる。

最善の方法で問題を解決する

残念なことに過去二〇年から三〇年のあいだ、社会福祉関連の立法についての経営者の発言を聞くと、米国民が安心できないのは無理もない。法案は少なからず厳しい攻撃を受けてきたが、まったく建設的なものではなかった。

たとえば一九三〇年代に社会保障法が提起されたときには、経営者の大部分が否定的な反応をした。ある会社の広報担当者が、社会保障は米国における「生活と産業に対する究極の社会主義的管理」を意味するとまで予言したほどである。

同じ時代に、一九二九年の株価大暴落を受けて証券取引活動を制限しようとする法律が提案されたときに、ある企業経営者はこの国を「民主主義から共産主義への道に」推し進めることを企図した法案であると言い切った。

これらの法律やその他の施策が実施されて以来、ずいぶん進歩してきたとはいうものの、いまだに三〇年代と同じトーンが一部の経営者の口から聞こえてくる。つい最近でさえ、社会保障法がより多くの国民をカバーし、給付水準を高めるように拡張されたときの経済界の反応は、昔の繰り返しのように聞こえるものがあまりにも多かった。

このような態度は一種矛盾しているので、周囲の人たちは困惑するにちがいない。経営者として私たちは革新を行う立場にあり、技術進歩のようなことには強いプライドを抱いている。ところが社会問題となると、不思議なことにいかなる革新にもリスクを負いたがらないような場合が多すぎないか。世論はしばしば私たちの反対をなんとか乗り越えて法案が成立する。やがて私たちはこれらの施策を支えるだけの経済力を築くというかたちで、施策全体を実行可能なものにする手助けをしていることに気づく。ある意味では時計の針を遅らせているように見えるが、実は針が進むことを可能にしている原動力は私たちなのである。

この構図がなおさら皮肉なのは、米国人の経営者は国政に関してはほとんどつねに保守的であるのに、こと自分のビジネスとなると世界一の問題解決力を持つからである。私は改めて国政に関してもビジネスと同じ態度をとることを提案する。この分野は問題解決力がかつてないほど重要になっているからである。

たとえば、社会保障制度の自由化に関する問題でも、一九六一年か六二年に多くの経営者が反対した法案を、経済界は一〇年後にはことごとく支持するのではないかと私は思う。一九三〇年代に強烈に反対した社会保障法のほとんどを今では喜んで受け入れているのと同じである。

教育に対する連邦の補助金の問題についても、地方自治体の税収と州の補助金という現在の組み合わせのままで、より質の高い学校教育に必要な費用の増加に対応できるかどうかを考えなくてはならない。現在、教育費は州によって大きなばらつきがある。生徒一人当たりの支出には州によって二倍以上の格差がある。たまたま学校教育のための十分な税財源が足りない州に暮らしているという理由だけで、一部の子供たちに不利益を被らせてもよいのだろうか？

この問題は、単に地方自治体に自分で取り組むようにと言ってすませられるものではないと思う。もちろん地域で解決することが望ましいし、それでうまくいくものなら私自身一番に賛成するし、連邦からの補助金には反対である。それでも明らかに一部の地域は学校教育という任務に見合う力がない。そうした地域がこの仕事をできるように手助けするための、よりよい方法を見つけ出さなくてはならない。

教育の質は国力を決定づける要素になった。私の考えでは、教育の質に対する懸念は、連邦からの教育補助金に関するどんな懸念よりもはるかに大きい。こういう状況で重要なことは問題を解決することであり、「最善の」方法で解決することであって、たとえそれによって伝統を変えることになってもしかたがない。

国民の健康問題についてもまた、私たちはむしろ解決方法という観点で考えなくてはならず、現在提起されている案のなかに見られる危険性という観点ではない。十分な医療が受けられないのは、自ら備えるだけの収入を得られない人々が負うべき代償であると言ってすますことはできない。

人の痛みを理解し、支援する

企業経営者にとってより切実なのは、失業とオートメーション化と人口増大が複合的に絡み合った諸問題である。これについては、問題と解決策の両方に経営者が直接的な役割を担う。

この豊かな社会の大きな矛盾の一つが失業である。統計にけちをつけることもできるが、そうした細かい話ではなく、状況を変えることが必要なのである。私たちのような国では、統計の問題を除いても許容できるレベルではない。妻がメイドを雇おうにも見つからないことを根拠に失業が存在しないと言うのと同じで、統計を疑ったところで失業問題を隠すことなどできない。問題は現にあり、これまでも何年にもわたって存在した。私たちは何か良い方策を見つけなくてはならないが、政府任せにしないで企業も動かなくてはならない。

経営者に対して公平を期すために言っておくが、過去二〇年間にわたって経営者は従業員のニーズに特筆すべき関心を払ってきた。今ではほとんどの大企業で広範な福利厚生プログラムが当たり前になっている。仕事を振り分けて不要な首切りをなくすために大きな努力が注がれている。平均的な従業員の資力では、高額な医療費や十分な保険料、十分な年金積立をまかなえないという事実を多数の経営者が認めている。これらのギャップを埋めるために、私たち経営者は福利厚生プログラムを導入し、つねに改善を加えている。

もしこうしたプログラムが大企業の従業員に不可欠であり、権利であると認めるなら、疑いなくそれ以外の人々には必要ないというダブル・スタンダードな主張はできない。上位五〇〇社の企業で働いているのは、米国の労働力全体の一四%にすぎない。すべての人々にそれなりの水準の保護を提供するためには何らかの給付体制を整えるべきである。

大企業の経営者は自分たちが従業員に何をできるかを示すことで、立派な役割を果たしてきたかもしれない。しかしもう一歩進んで、大企業以外で働いている人々、あるいはそもそも働いていない人々は、自分の会社の従業員よりも抱えている問題によっては手助けを必要としている度合いが大きいことを認識してもらいたい。経営者はそういう人々を支援するための法律一本にさえ機械的に批判をする前に、このことを思い出すべきである。

柔軟性、大胆さ、創造性を発揮する

これまで述べてきたことのほとんどは、この国や経済システムが、今後何年かに予想される苦境を乗り越えるときに、経営者はものの見方をこんなふうに改める必要があると、私が考えていることだ。

私が国民や公共の利益という大きな問題にばかり気をとられて、会社を経営して成功させるという経営者としての第一の役割を忘れてしまっているという印象を持つ人もいるのではないかと思う。

もちろん私は一瞬たりとも忘れたことはない。経営者が事業で失敗したら、それ以外の関心事はすべて無意味になるだろう。何をしようにも力を失ってしまうからである。

しかし同じ理由で、私たち経営者が国民の利益に対して、このようなより広範な関心を持たずに事業の経営だけに専念するならば、まさに同じくらい大きなまちがいをしかねないと私は思っている。株主にどちらを選ぶかという判断を委ねてもよいと思うし、その一方でこの二つを二者択一的に扱わずに、自分が米国にとって最善だと思うことをすればよいとも思う。

これは、私たち全員が互いに末永く幸せに暮らせるような中庸の道を見つけるという意味ではない。中庸のなかにも、いわゆる個人の利益を保護することと国民の幸福を真剣に考慮することとのあいだには幅広い選択肢がある。

進歩を加速させようとする自由主義者の立場があるのと同じように、警戒してブレーキをかけようとする保守主義者の立場もある。しかし、自由主義経済システム全体を破壊しようとする極左主義者を排除しているのだから、ありもしない過去に回帰しようとする極右主義者も排除しなくてはならない。

個人でも会社でも時代より早すぎた者は失敗してきた。しかし、より多くの者が時代に遅れたために失敗してきた。彼らは、変化した現実に目を向けて受け入れようとしてこなかったからである。

社会の避けがたい変化に対して、かたくなに引き延ばすという誤ったかたちの抵抗を経営者がしてきた事例が多くあると述べた。しかし、これが国の死活問題の一つになった戦時中は、経営者は柔軟性を持った指導者に立場を改め、大胆さと創造性を発揮し、戦争の勝利に大いに貢献した。

社会変革の原動力になる

現在では銃撃戦は行われていないが、私たちは永続的な競争のなかにいる。それは知的な戦争であり、国の業績の戦争でもあるが、私たちの知るどんな戦闘よりも多くの面で真剣勝負である。米国の経営者は未知の大きな課題と機会を目の前に突きつけられている。

私たちの国の経済は豊かであるが、決してこんなご時勢に不必要な部門を維持できるほど豊かなわけではない。景気はすでに相当下降してきたし、ほとんど成長していない。私たちの国が責任を果たし、世界のなかでの地位を維持しようとするなら、国民の利益のために異なる立場の者が融和し広範な和解に到達することで、社会が今よりも効果的に機能するようにしなくてはならない。

経営者だけが悪いわけではない。それに経営者だけでこの変革はできない。社会の他の構成員全員がそれぞれの役割を果たさなくてはならない。しかし、誰かが始めなくてはならず、誰かが基準を定めなくてはならない。私が思うに、経営者にはそれができる。

私たちは、ソ連との長引く戦いとどのように付き合い、国の利益のためにどう対応するかを学ばなくてはならない。

私たちは、近代化された西ヨーロッパと日本の工場との競争にどのように向き合い、国の利益のためにどう対応するかを学ばなくてはならない。

米国の人口は一九八〇年までに二億六〇〇〇万人に成長し、相互に深い依存関係にあるが、私たちは国内社会で起こる根本的な変化とどのように付き合い、国の利益のためにこれにどう対応するかを学ばなくてはならない。

私たちは一九三〇年代の社会改良以来、四〇年代の孤立主義の終焉、五〇年代の新技術の時代の始まりを経てきた。多くの問題を解決してきたが、新たに多くの問題を生み出した。その多くはこれまで以上に危機的で、ずっと規模の大きいものである。

米国が今日と明日の課題を達成し、危機的かつ困難な分野で成功するなら、それはますます経営者の指導力「のおかげで」そうなるのであって、「にもかかわらず」そうなるのではない。このことは未来が約束してくれる。

あとがき

いまでは広く自明のこととして受け入れられていることだが、会社は、単に利益を目的として財やサービスを製造し、販売することに関わる法的存在以上のものであり、構成する人々の原則や信条を体現したものでもある。もっと具体的には、会社は、会社を育て、経営をしていくなかで、方向づけをしてきた人々の表現物である。

ひょっとするとＩＢＭ（the International Business Machines Corporation）は、これらの特徴を最もよく表している会社かもしれない。最先端の科学的発展に関わっている会社であっても、組織のつねとして日々の人間関係の現実に左右される。創業者が若いころに学んだ素朴な田舎町における個人の行動の真理を守りつづけたことが、現代の最も科学的な分野において活動する、高度に複雑な企業組織に発展するまでの経営指針として、成功裏に役立ってきた。

ビジネス界での特筆すべき経験についての興味深い物語は、同社の現在のCEO（最高経営責任者）であるトーマス・ワトソン・ジュニアの目を通して、熱意をもって語られる。その事業分野における技術の変化は信じられないほど速く、会社の成長も目を見張るものであった。戦後の一五年間で総売上高は一四倍に成長したのである。安定的な状況で指針となる信条を堅持することにくらべ、つねに変化するダイナミックな状況で堅持することはずっと困難である。

個人の尊重はそれだけで確かに素晴らしいが、実際にそうすることははるかに困難である。献身的なサービスを新たな次元に発展させ、新しいスタイルに変える、さらに新たに採用した社員に最も大切なことを納得させるという課題もぞっとするほど困難である。

すべての活動において最高を目指す努力は、活動分野が拡張するにつれ、つねにいっそうの困難にさらされてきた。経営陣が基本信条を会社の急速な成長に適応させてきたやり方を見ると、説得力をもって、改めて基本信条が有効であると断言できる。

この文章は、コロンビア大学院ビジネススクールでの一九六二年春季講義をまとめたものである。当スクールとマッキンゼー経営研究所が共同で後援したもので、近年有名になった、大企業の経営管理についての一連の研究の一部である。

好奇心が強く、活動的なマインドをもったワトソン氏の思考は、企業内部の問題から、外部へと自然に広がっていく。企業自身が拘束を受けるという、現代社会における企業の役割についての彼の所見は、企業経営についての洞察に匹敵するものである。

読者はこの本が、西側世界の産業界の指導者による開明的な姿勢を率直に表したものであることに気づくだろう。この姿勢こそ、最も効果的に私たちの自由な生活を守ることになる。

コロンビア大学　大学院ビジネススクール校長　コートニー・C・ブラウン

著者について

会社の性格は創業者の性格を延長したものである、という意味で創業者の性格と切り離しがたいところが多々ある。ＩＢＭとトーマス・ワトソン（父）の関係もそうだった。両者が結びついてアメリカの伝説的な企業が生まれた。伝説はトーマス・ワトソン・ジュニアの手でしっかりと次の世代に引き継がれた。

年商二〇億ドルを超えるグローバル企業である今日のＩＢＭは、数年前のＩＢＭと異なっているが、それはアメリカが戦前と今日とで異なっているのと同様である。環境の変化に会社を適応させるのに手腕を発揮したのはワトソン・ジュニアである。

彼は一九一四年にオハイオ州デイトンに生まれ、一二歳のときにはＩＢＭの営業会議で初めてのスピーチをしている。一九三七年にブラウン大学を卒業し、Ｉ

ＢＭの営業担当社員としてマンハッタンのダウンタウンに勤めた。米国が第二次大戦に参戦する一四カ月前に、彼は兵役に就き、B-24のパイロットになった。彼は飛行機が大好きで、学生時代から操縦していた。

戦争前の時期に、トーマス・ワトソン・ジュニアは営業力を誇る部隊のなかでも抜きん出ていた。一九四六年に副社長に任命され、五二年には社長になり、五六年には最高経営責任者（ＣＥＯ）になり、会長職も兼任し、心臓発作に襲われた翌年の七一年までその職をつづけた。

父親と同様にワトソンの関心は自分の会社の領域を超えて、広く公共の問題にまでおよんだ。いくつもの団体の理事を務め、労務管理政策問題の大統領諮問委員会のメンバーでもあった。

ワトソンは一九九三年の一二月三一日、コネティカット州のグリーンウィッチで心臓発作後の合併症で亡くなった。七九歳であった。

［訳者プロフィール］

朝尾直太

Asao, Naota

1966年生まれ。経営コンサルタント。東京大学文学部（社会学）卒業。
大手スーパーの店舗・本部、教育ベンチャー企業勤務を経て独立し、
有限会社デモクラフトを設立。その間、中央大学大学院総合政策研究科
博士前期（修士）課程修了。

asao@democraft.co.jp

［訳書］

『財政学と公共選択』
リチャード・マスグレイブ、ジェイムズ・ブキャナン著、共訳、
勁草書房、2003年

英治出版からのお知らせ

弊社のホームページでは、「バーチャル立ち読みサービス（http://www.eijipress.co.jp/）」を無料でご提供しています。ここでは、弊社の既刊本を、紙の本のイメージそのままで「公開」しています。ぜひ一度、アクセスしてみてください。

なお、本書に対する「ご意見、ご感想、ご質問」などをeメール（editor@eijipress.co.jp）で受け付けています。お送りいただいた方には、弊社の「新刊案内メール（無料）」を定期的にお送りします。たくさんのメールを、お待ちしております。

IBMを世界的企業にしたワトソンJr.の言葉

発行日――――2004年7月12日　第1版　第1刷　発行
2005年3月29日　第1版　第2刷　発行
著　者――――トーマス・J・ワトソン、Jr.
訳　者――――朝尾直太（あさお・なおた）

発行人――――原田英治
発　行――――英治出版株式会社
〒150-0022 東京都 渋谷区 恵比須南1-9-12 ピトレスクビル 4F
電話：03-5773-0193　FAX：03-5773-0194
URL　http://www.eijipress.co.jp/

出版プロデューサー――――赤井仁
スタッフ――――原田涼子、秋元麻希、鬼頭穣、深澤友紀子
印　刷――――株式会社シナノ
装　幀――――WAKA
編集協力――――ガイア・オペレーションズ

［検印廃止］ISBN4-901234-52-8 C0034